U0903143

再见吧！拖延症！

大白鲨

彻底告别拖延所带来的焦虑

王楠◎著

天津出版传媒集团
天津人民出版社

图书在版编目（CIP）数据

再见吧！拖延症：彻底告别拖延所带来的焦虑 / 王楠著. --天津：天津人民出版社，2019.4
（大白鲨）
ISBN 978-7-201-14589-1

Ⅰ.①再… Ⅱ.①王… Ⅲ.①成功心理－通俗读物 Ⅳ.①B848.4-49

中国版本图书馆CIP数据核字(2019)第037922号

再见吧！拖延症：彻底告别拖延所带来的焦虑

ZAIJIAN BA TUOYANZHENG CHEDI GAOBIE TUOYAN SUO DAILAI DE JIAOLÜ

王楠　著

出　　版　天津人民出版社
出 版 人　刘　庆
地　　址　天津市和平区西康路35号康岳大厦
邮　　编　300051
邮购电话　（022）23332469
网　　址　http：//www.tjrmcbs.com
电子信箱　tjrmcbs@126.com

责任编辑　谢仁林
特约编辑　师　擎　朱亚彤
封面设计　BookDesign Studio 阿鬼设计

制版印刷　河北华商印刷有限公司
经　　销　新华书店
开　　本　880×1230毫米　1/32
印　　张　8
字　　数　140千字
版次印次　2019年4月第1版　2019年4月第1次印刷
定　　价　32.80元

造成我们拖延的原因有很多，让人既伤身，又伤心。拖延会让人变得消极，因为消极，又让人一拖再拖，所以要擦亮眼睛，找到病因，从根本上解决问题。

众所周知，拖延是一种会给生活和工作带来诸多消极影响的行为。拖延的人心里很矛盾，明明知道拖延行为不好，却还是难以行动起来。那么，究竟是什么让我们成为拖延症患者的?

序言

很小的时候，父母就对我们说“从小养成好习惯，长大了才能更优秀”，于是“习惯”就像影子一样跟随着我们的童年、少年、青年时代。我们一路跌跌撞撞前行，当有一天不得不为了一些事而改变自己的固有方式时，就会发现曾经特别不能释怀的伤心事，之后看来什么也不是。如果一定要给这样的情况找个理由，应该用“较劲儿”这个词比较合适。

好的习惯造就理想的人生。生活从来不会给谁彩排的机会，错过了就成了过去，明天不可能弥补你丢下的时光。所以，请你在当下别太“为难”自己，自己做不来的事情就让别人去做，别把资源攥在自己手里还拖延着不做，这样你耽误的不只是自己，而且久而久之你就患上了拖延症。

别小看拖延症，它就在我们身边。很多人都会说“今天太累了，明天再说吧！”好像很多人都有这样一个习惯，变得懒惰或者遇到困难，就把工作都交给明天。明天是谁？为什么这么强大？明天什么也不是，明天只不过是人们用来推卸责任的说辞罢了。当太多的不确定因素困扰你的时候，你就会给自己放个假，一直拖延。

每个计划都是为行动做铺垫的，但计划也存在不确定性，突如其来的事会让人不知所措，然后人们就把这些不知道该怎么办的事堆在一边，越堆越多，越多越不愿意开始处理，最后变成了无限期拖延。

也许会有人说，事情多了不见得就是坏事，这样会给人压力，有压力才能有动力。确实，适当的压力能够使人们产生动力；但压力太大，压得人们连气都喘不过来，怎么可能会愿意同拖延博弈呢？很多事情拖得久了，即使一个人再有毅力，也不可能再做从前优秀的那个自己了。

说到这里，有的人着急了，因为他们不想就这样将自己的努力付之一炬，于是焦灼的心蒙蔽了他们的判断力，也削弱了他们的执行力，进而使拖延症变本加厉地折磨着他们。于是他们开始逃避，心里盘算着：反正怎么努力也都是做不好，那还不如不做了。

傲慢与偏见向来都是如影随形，你的骄傲、你的完美主义终究会让你在前进的途中摔跟头，甚至让你止步不前。

也许你不是做得最好的，可努力的过程其实比结果更重要。别给自己太大的压力，事情没有完美的，人也一样。所以，不要刻意为了让别人开怀而委屈了自己，你的委屈可不一定换得回来他人的认可。也许你会说时间可以证明一切，可是你的时间是否和他人是对等的，你的等待是否能够换回他人的理解，这些都是未知的。

你所知道的和你所能做到的，就是为了自己的理想而努力，心胸宽广的人才能搭建硕大的舞台，必要的时候，你得强迫自己去做自己不愿意做的事情。我们身边的很多优秀的人，实际上都是被“逼”出来的，他们无论什么时候，都能保证自己有超强的执行力。

如果你也想成为一个优秀的人，实现自己的梦想，那么你应该刻不容缓地行动起来，现在就开始！

做一件事情，你应该先定目标，再将目标阶段性分解，逐一攻克。每一次，你都需要专注，做好当下的事情；每一个目标的实现，都要为下一个目标做好铺垫，不驻足，永远都为下一个目标做好准备。

羡慕别人的美好生活，不如自己行动起来，如果你还在为拖延症所累，那就跟它说再见吧！

想知道自己有没有拖延症？
超准心理测试帮你解答

在读本书之前，我们先做一个简单的心理小测试，看看你有没有拖延症。选“A”得1分，选“B”不得分。记得用笔记录下来哦！

1. 为了避免棘手的难题，不去采取行动，寻找各种理由和借口。

A、是　　B、否

2. 你经常将重要的会议和工作安排在下午处理，或者带回家，在夜晚或周末处理。

A、是　　B、否

3. 注意力不太集中，做着一件事的时候，总是容易被其他事情吸引，想同时做很多件事情，却一件也做不完。

A、是　　　　B、否

4. 经常会有“不是还有时间吗，不着急”“我累了，等会儿再做吧”的想法。

A、是　　　　B、否

5. 晚上睡前躺在床上，经常感慨“今天好像也没干什么，就过完了啊”。

A、是　　　　B、否

6. 做事漫无目的，很容易就半途而废。

A、是　　　　B、否

7. 总是“加班”，上班时间总是在网上瞎逛，明明白天可以做完的事，总是拖到下班后加班做。

A、是　　　　B、否

8. 处理问题不分主次，忙了半天，最紧要的事没做。

A、是　　　　B、否

9. 团队合作时，同事都面露难色，不愿和你合作。

A、是　　　　B、否

10. 制订了健身、减肥等计划，但总是坚持不了几天，甚至从未开始过。

A、是　　　　B、否

11. 总是没有工作计划，不懂如何进行时间管理。

A、是　　　B、否

12. 在完成一项困难的任务前，你总是在玩手机，要么刷朋友圈，要么看短视频。

A、是　　　B、否

13. 接到任务后，总是一拖再拖，纵然心里很焦虑，也不愿意开始做。

A、是　　　B、否

14. 不到最后期限不做完工作。

A、是　　　B、否

15. 经常因为时间过于紧迫，草草交差，结果被同事或老板责怪。

A、是　　　B、否

拖延症测试题结果分析：

0~1分：可以说你是少有的知行合一的人，生活中的你精力旺盛，有很强的执行力，说到做到。你偶有一两次会拖延，那也是你为了减轻压力或者根据事情的轻重缓急，对要做的事情进行合理排序而已。你的自控力很强，具有良好的时间管理意识，即使出现意外情况也能很好处理。这样的你，真的很不错！

2~5分：你还不算是“拖延症患者”，只是有一些轻度的拖延习惯。但是你要注意了，不要让拖延习惯肆意发展了！

6~11分：你已经可以算是“拖延症患者”了，幸好不是太严重。虽然你平时也会做一些计划，但是很容易就被打乱。你的拖延症可能已经成为你的一种习惯，会逐渐影响你的工作与生活。这时你就要警惕了，找出拖延症的原因，做出改变。但你需要记住，改变需要时间和耐力。

12~15分：你已经是一个“重度拖延症患者”了，患上了严重的拖延症，凡事能拖就拖，能不做就不做，遇到困难不是拖就是躲，如此下去，很容易把自己的工作和生活弄得一团糟，变得消极。建议你认真审视自我，寻找最佳方法提升自控能力，摆脱拖延症的困扰。

第一章
戒了吧，拖延症

拖延症真的有你想象中的那么严重吗？当然没有！拖延症是一种普遍存在的现象，才不是什么不治之症，甚至连一种病症都算不上，却给很多人带来了极大的困扰。如果你想要和拖延症说再见，那就要采取行动。

1. 人生有限，拖延有害

懒散和懈怠是生活毒药，也是失败人生的基因，没有对比就没有伤害。

有两匹马分别一前一后背着同等重量的货物前行，前面的这匹马走得很好，后面的那匹马越走越慢，最后干脆停了下来。马的主人见状，便把后面的马载着的货物全部搬到前面的马身上。卸下重物的马幸灾乐祸地跑到前面，对前面的马嘲讽地说道："活该你辛苦，一点都不懂得偷懒，你看看我多好，什么也不用载着。你吧，就是太认真，你越是努力干活，主人越是折磨你，谁让你能干呢，能干就多干呗！"

但前面的马丝毫不受影响，继续有条不紊地做着自己的工作。而另一匹马优哉游哉地跟着走，没走多久，它甚至连走路都不情不愿，恨不得找个地方摆个舒服的姿势休息。

马的主人将这一切看在眼里，记在心上。到达目的地之后，主人不假思索地说："既然一匹马足以载着所有的货物，那另一匹马也就没有用处了。与其养两匹马，不如将饲养的精力只放在能干活的这匹马身上。"

于是主人做出了决定，放弃饲养那匹偷懒成性的马，最终那匹马的马皮作为纪念品挂在了主人的家中。

懒散是所有生命的劲敌，人们原本可以做到和完成的事，往往因为懒散和拖延，错过了成功的机会。

很多人深知懒散成性、拖延的危害，可他们还是浑浑噩噩地度日。一款接一款的手机游戏，让陌生人也能聊得热火朝天的交友平台……这些生活的附件不知从什么时候起，成了越来越多人生活中必不可少的存在。而生活本身的色彩，就在人们对世事的唉声叹气中黯然失色。

一些人习惯性地羡慕他人的光环，却没有兴趣去了解这光环背后人们所付出的艰辛，更糟糕的是，很多人内心那片拖延的霾，早已把他们行动的力量耗尽。

寺庙里一位大师经常被问到这样的问题："为什么念佛的过程中要不停地敲击木鱼？"大师回答："名为敲鱼，实则敲人。"

对方又会问："那为什么敲的是木鱼，而不是木质的猪、羊、马等其他动物形象呢？"

大师笑着回答："鱼儿是世间最勤快的动物，整日睁着眼四处游动。这么至勤的鱼尚要时时敲打，更何况懒惰、拖延的人呢？"

拖延症多因懒散而生，有的人看上去忙忙碌碌，实际却一事无成。有所作为者都是勤奋的人，他们时刻鞭策自己，克服自己懒散、拖延的毛病，从而优化自己。而一个懒散、拖延的人，与精致生活绝缘。

从各种拖延行为中，张默深有感触：约束自己很难，但不约束自己会更痛苦！

对于单休的人而言，周末仅有的一天休息时间弥足珍贵。按照常理，人们这一天除了适当的休息、调整精神面貌之外，更多的是要做一些和工作关系不大，却与自己的生活紧密相连的事情。

张默从早上醒来就懒洋洋地躺着晒太阳，总感觉窗口斜照进来的阳光很奢侈，不能浪费掉，可一上午的时间就这样悄无声息溜走了。他想着起床收拾一下房间，结果刷抖音刷了两小时，看着别人的生活充满乐趣，他不禁发问：为什么我的生活越发平淡呢？

上午10点的时候，部门领导给张默发来一条微信："明天的周例会上，你把这个月的销售情况总结一下，并结合上季度的平均情况做简要分析，同时拟会议通知下发部门所有人。"

"好的，领导！"张默爽快回答后，将手机屏幕立刻切换到微信朋友圈，不断往下翻，浏览每一条信息。不知过了多久，直到肚子咕咕叫，他才不情愿地从床上爬起来。扫一眼电子表，已经下午3点了，大半天就这么过去了。

简单地吃了速食面以后，张默又回到了床上，刷了一会儿微博便开始不断地打哈欠，等他再一睁开眼，已经18点30分了，宝贵的一天就这样度过了。张默的房间还没来得及收拾，工作总结没来得及做，会议通知也没来得及发，一大堆事情拖延着没有做，就连一天中唯一的一顿饭也是随便对付，吃了速食面。此刻张默心里十分慌乱，行动力却依然迟缓，任由时间溜走，恐慌着一无所获，然后继续毫无行动、毫无作为。

张默不是第一个有拖延症的人，也不会是最后一个。对于十分忙碌的人而言，适当“偷懒”可以益善身心，正如适当休息可以调适身体机能一般，但所有的事情都不可以盲目地绝对化。明日复明日，明日何其多?

生命中有这样一个规律，每当我们想要做善事的时候，邪念就会不知所以地冒出来。比如，你掏出零钱要给路边行乞的小女孩时，抬眼间看到了小女孩身边一张狰狞的面孔，仿佛在说：“白痴，骗的就是你们这样同情心爆棚的人的钱，我有手有脚，不用劳作，随随便便‘捡’一个孩子，就能给我赚钱！”你那原本温暖的手便毫无“同情心”地收了回来，女孩僵持在半空中的手臂不知所措，可当你再抬眼，发现那张狰狞的面孔荡然无存。

这个规律就是，你决定谦卑，骄傲就与你同行；你决定行善，罪恶就横空出世；你决定忍耐，暴躁就如影随形……不是上苍与你作对，而是世间万物本就是相对而存在的。回想起读书时，我每晚睡觉前都给自己打鸡血——明早开始背英语单词，一天背熟30个，这样一个月可以熟记大概900个。结果次日清晨闹钟响起，我的习惯性动作就是关闭闹铃，继续睡觉。

拖延，就在这样一次次的小事的懒散中，逐渐放大成病症。

也许你会不断安慰自己，宇宙万物，皆有规律，懒散的不只是你，拖延的也不止这一件事。就像苹果熟了，自会在万有引力的作用下掉落；食物进胃，便可自行消化；春去秋来，时间到了，季节就自然更迭。于是你无数次安慰自己：这件事没做就没做吧，我不做，总会有人去完成的。

然后，你就病了，在拖延的魔怔中，渐渐失去了自我。

2. 无自律不自由

我很久没联系的大学同学雪，曾连续几天在朋友圈发表动态表示，她不想再过现在这种酒醉灯靡的生活。感觉世界都在前进，只有她像一列轴承老化的绿皮火车，静止不动。所有希望都变得黯淡无光，欲望的烈火却又灼烧着她，让她透不过气来……绝望大概就是这样吧，没有人爱她，包括她自己。

虽然我不知道，那时候雪的生活到底出现了哪些意外，让我记忆中那个热情、豪爽的女孩变得意志消沉，但我还是单刀直入地向她提问："看了你的朋友圈，发生什么事了吗？"

雪说："就是因为什么也没发生，想要改变的事情还是老样子，感觉我做任何努力都是徒劳的。我知道我的拖延症很严重，却做不出任何调整和改变。"

言语间，雪流露出了自甘堕落的沮丧，她说对自己没有信心，也改变不了任何有待改变的事。我安慰她说："每个人都或多或少有拖延行为的，你要调整好自己的心态，这很重要。"

"我不只是拖延行为那么简单，我感觉我的拖延症已经非常严重了。虽然我努力着不后退，可当身边的人都充实地生活，迅速地奔跑之时，我的原地不动就成了一种后退。我总是不能按时完成工作任务，晚上又不肯多用些时间在工作上，就浏览各种社交网站，寻求鸡汤的慰藉。告诉自己，明天又是一个新的开始！最终，我一直在崭新的日子中过着老套的生活。就这样，我的生活越来越单调乏味，工作越来越跟不上节拍，慢慢地，我发现身边能说得上话的朋友越来越少，于是，我开始拒绝和人们交流。”

雪将自己的问题一一梳理，说给我听。我在心里盘算着，其实，雪的问题可以归结为一点，就是不自律，直接体现在做事拖延上面。

不自律的人，明明知道自己偷懒造成的后果很严重，可为了寻求一时的安逸，不惜铤而走险。接着，一次一次地沉沦，越陷越深，越深越不能自拔。

我回想起了大一入学的时候，我们像一群刚刚冲破牢笼的小燕子，在属于自己的那片蓝天上自由飞翔，不受约束。或许只有考试的时候，才能绷紧我们的“弦”。我记得第一次期末考试的时候，雪为了好好复习，将手机调成静音模式，夹在书架上最后一本书里面，告诉室友，不把所有题背会，决不拿出手机……

事实上，雪看了一会儿复习题就睡着了，醒来吃个午饭，逛了逛学校后街几个新开的小店，还好心地帮收发室大娘把坏了一个多月的半导体修好了。那时的她怀着满腔热忱，发誓要在大学里做出一番惊天动地之事，早早地规划好了十年之后的未来，积极、自信又意气风发，如今回忆起来，似乎她一直都有拖延的习惯，只是从未察觉，从未有所改变罢了。

梦想与现实之间终究是存在距离的，而这距离必须通过努力才能跨越。如果你不采取行动，永远不可能有所改变，得到自己想要的。而成功的基础就是自律。

自律是一种高贵的品质，意味着一个人会为一个伟大的目标努力和付出，意味着他会为了自己所珍视的东西放弃眼前的一些诱惑。它会让你拥有一颗强大而丰富的内心，面对任何事都可以冷静地处理。

我的一位同事小夏，她说她曾经用尽自己的一切力量去改变拖延的习惯，最后她成功了，整个人焕然一新。

小夏很认真地对我说："我的拖延症归根结底就是我不够自信，不相信自己的能力，担心任何事的结果不好；更担心自己努力了，却还是做不好事情，怕丢人，于是事情就拖着，一拖再拖。"

小夏的拖延症是在她23岁大学毕业的那一年治好的，从那以后十多年过去了，都未曾再犯过，用她的话说就是她成功跟拖延症说再见了。从那之后，小夏的工作积极性更高了，生活也更加惬意了，压力也随之减轻。

你们想知道小夏的拖延症是怎么治好的吗?

小夏说："做一件事，只要你做了，就比不做强！所以，不用去担心结果的好与坏，谁都期望结果是好的，也都是向着好的方向努力。所以，即使最终的结果不尽如人意，但至少我们有了经验，这才是最关键的。"

我想起来，大学毕业那会儿，小夏去家乡县城的一家油田电视台做主持人，同时还兼编导和另一个栏目的制片。她负责的两个栏目都是直播，每个栏目每天一期。这就意味着，每天小夏要出品两档栏目。最开始的那段时间，小夏忙得不亦乐乎，刚刚走出校园的她有用不完的正能量和热情。可忙了一段时间后，小夏的精力不如之前了，她甚至不能适应任何突如其来的变故和更高密度的工作。半年后，小夏的拖延症发作，在一次节目中，由于之前偷懒没做功课，导致漏洞百出，直播的节目也无法撤回，台里的领导看到播出去的节目后勃然大怒，小夏差点儿因此失去工作。

放在任何人身上，那都是令人不堪回首的丢人经历，旁人或许觉得错过了也就错过了，小夏却因此而深刻反思：她意识到拖延是一种暂时麻痹自己的逃脱行为，可能短时内得以轻松，但你以后要为此付出更多的代价。没人能一辈子逃避，除非你不想工作，不需要赚钱，只满足于现在的贫瘠，并不介意从此失去所有的机遇。

是的，能够治愈拖延症的最有效良剂，就是自律。有时候，自律就是要求你通过外力逼迫自己，实现自我约束。自律是一种偷着享受严谨带来的乐趣的行为，在这种有着孤独倾向的方式中，有时你会被人误认为是书呆子。可旁人不知道的是，你正在自律且清醒地生活，你心中有更值得高兴的事，这些事不一定需与人分享，也许你更愿意放在心中，呵护珍藏。

正因有了自律，拖延和邋遢就只能灰溜溜地消失。

拖延症是可治愈的，只要你足够自律，就可以跟它说再见了。

3. 要对自己“狠”一点，拖延症才能靠边站

麻绳之所以比不同材质、同等粗细的绳子更结实耐用，是因为它巧妙地做到了自己跟自己拧劲儿。野外生存的法则中，有一个名词叫“生死结”，两个人不同侧的手，两两交叉紧握对方的手腕，如此便形成了最为牢固的抓握方式。即使其中一只手疲惫到失去战斗力，另一只手依然有机会扭转局面。

其实，对于很多人和很多事情而言，在关键的时间点上，最能借力的始终是自己。升迁也好，创业也罢，这个世界上没有背景、没有权势，甚至没有高学历和高智商的人依然有很多，但这些都不是最重要的。关键的是，操盘命运的你，是否对自己足够狠心；关键事情中，是否能够和自己较劲儿！

工作、学习、生活、情感……只要你对自己足够狠，其他人就很难再左右你的想法和行为，甚至伤害你。当生活中再也不会有什么事情可以令你困惑和劳心的时候，你距离成功就不远了。

成功，从来都不是一个人的终点。每个获得成功的人，首先要成为独立的自己。卑微不可怕，可怕的是你没有卑微的勇气；脆弱不可怕，可怕的是你没有脆弱的底气。卑微和脆弱，或许不能给

你任何的快乐，却给了你不服输的精神。所以，人一定要对自己有所要求，并为了达成这个目标，不遗余力地勇往直前。成长和进步都需要你对自己狠，哪怕摔得头破血流，你也要让自己变得越来越好。这才是配得上成功的思维模式。

俗话说，思路决定出路！

思路的产生，源于一个人如何看待自己面临的问题。一个人是否有正确、良好的心态，完全决定着一个人有怎样的观察和判断力。

蒙牛和伊利的故事，很多年前就已经开始上演了，或许很多年后依然还会继续上演着。为什么这个故事如此令世人着迷？因为故事的主人公——牛根生，他本身就是一个善于跟自己较劲儿的人。

人们的骨子里都有一颗玲珑剔透的猎奇心，在潜意识中认为，越是拧巴的食物越有嚼头，比如麻花；越是跟自己较劲的人越有故事，比如牛根生。

从一名养牛工人到后来成为伊利的厂长，从解甲归田到成功创立蒙牛企业，牛根生经历了两次“从无到有”。世人对他最多的评价就是“小胜凭智、大胜靠德”。的确，在牛根生跌入人生低谷时，很多人都是持观望态度的，但依然有很多人愿意放下稳定的工作、丰厚的收益，心甘情愿地跟着他置之死地而后生。蒙牛发展初期，和其他的创业企业一样，要面临强企的掠夺、同行的竞争。但即便是再大的困难摆在面前，牛根生也依然坚强地跨了过去。

牛根生说，他之所以可以做到相对成功，唯一的筹码就是“与自己较劲儿”。

无论是工作还是创业，每一个人都会在不同的时间遇到不同的问题。问题出现了，善于把控自己的人，会先从自身找原因，他们深知改变自己容易，改变他人困难。打个比方说，一个问题滋生了，矛盾双方各占一半。如果你主动去改变自己，或许会发现，对方也在朝着对的方向努力着，你主动改变一成，对方可能已经改变了三成甚至更多。如此，事情就会有转机，再大的不可能也都变得可能了。

也许你会说，如果你已经努力去改变自己那50%的“问题”了，而对方依然无动于衷，那么问题还是得不到解决。可你是否知道，在你无数次地“与自己较劲儿”过后，你已经在改变自己的同时，改变了世界！

就像遭到伊利围剿和封杀的蒙牛，它没有正面抵御，没有以硬碰硬，而是以退为进，在创业初期为自己赢得更广阔的成长空间。

世界是大家的，而不是某个人的专属品，这就决定了世界没有必要对任何人有任何的偏爱。成功的道路上，能否走到最后，全凭你自己。你必须对自己足够狠，因为世界对你可能会更狠。你只有多与自己较劲儿，你的身体和心灵才会形成强大的免疫力，抵御困难和失败。

取得过一定成绩的人，都会有这样一种感受——人性的弱点就是难以自律。说出“对自己狠点儿”这样的话，感觉不需要多大的勇气和毅力；可真做起来，需要你有一颗强大的内心。

“狠”也是有秘诀的，只要你学会了自律，懂得了自控，什么时候该狠，狠到什么程度，以及为什么要跟自己较量，较量的结果是什么……这些问题也就不是问题了。

当我们有机会和智者对话、咨询成功人士问题的时候，你要问的是“人生有什么目标”，或“人生有哪些意义”，你得到的答案可能会有很多，但最科学的一个答案就是“成就自我”。

成就自我，顾名思义，就是将自己的才能和潜力表现出来，通过价值的实现使自己获得满足感。成就自我大概是每一个努力的人的梦想，但并不是所有努力都能够实现的。在成功的道路上，走到终点的人屈指可数，半路夭折和失败的人更是数不胜数。人生在世，太多的人注定平庸一辈子，而那些不平庸之人，大多都是跟自己较着一股劲儿。

“成就自我”需要跟自己较劲儿，“较劲儿”是自律的前提，“自律”等价于自我管理。试想，你都能把自己管理好，你的人生还有什么不在计划之中的呢?

我们每一个人都应该有意识地进行自我管理，有原则地为人处世，主动去掌控自己的行为与心理。任何人的成功都不是随随便便得来的，唯有那些实现全面自我管理的自律者，才不会凡事随心所欲，不会在任何时候被任何事所牵绊，不会在有成就时迷失自己，不会在低迷时埋葬自己……

美国心灵励志作家杰克森·布朗曾说过：“缺少了自律的才华，就好像穿上溜冰鞋的八爪鱼，眼看动作不断，却搞不清楚到底是往前、往后，或是原地打转。”

比尔·盖茨家财万贯，几辈子享用都是够的，可他依然在努力的路上奔波劳碌。因为他知道工作的目的不只是为了赚钱，更多的是在不断提高自我。

著名艺术家迈克尔·西尔维斯特·恩奇奥·史泰龙，在遇见赏识自己的伯乐之前，曾经被无情拒绝过1500次之多，但他所付出的努力和坚持却是1501次甚至更多。因为他知道，只有坚持下去，才有可能实现梦想。

谁都希望自己是一个大志大成的人，但成功也不是一蹴而就的。如果你想要成功，就必须要谨慎地遵守自律的原则，与自己的内心死磕到底！

第二章
别让拖延害了你

拖延的可怕，并不是危言耸听。千万别满怀壮志，却踌躇不前，既没行动，又没结果。不知不觉掉入拖延的旋涡，看着自己反复纠结在这样的行为模式里……

1.“今天先这样，明天再继续吧。”

吴怡正在奋笔疾书着下周的活动方案，思路受到了限制。同事陈思拎着包走出办公室之前和吴怡说：“太晚了，早点回家吧。工作是永远也做不完的，今天先这样，明天再继续呗！”

陈思的话一下子点醒了吴怡：是啊，今天先这样，明天再继续吧。于是她将一片狼藉的桌面收拾好，整理一下思绪，准备回家。

自从离开了温室般的校园，吴怡前脚踏进社会，后脚就迈进了公司的大门。她跟那些徘徊在招聘会现场仍然一无所获的毕业生比，无疑是幸运的。可不幸的是，她的拖延症使她在工作上总是力不从心，很难达到同期进入公司的人员拥有的成就。

工作就像数学书上那条射线，只有原点，没有终点。在考场上，我们遇见了一道难题，解了好久也没有解出来，通常最好的解决办法就是绕过去，先把后面的题做完，这样不至于使这道题之后的题都没完成。大概是这样的惯性思维，让刚刚走出校园的吴怡只要在工作上遇到困难，便第一时间想到往后推，觉得也许明天自己的头脑就灵光了，困难到时也就迎刃而解了。

很多像吴怡这样的年轻人都有这样的认知：今天做不完的事

情，可以明天再做。不管是今天还是明天，只要能做完事情，一切都OK。

话说起来轻巧，可事情拖延到明天，就有可能发生极大的变化，甚至改变人的命运。

于海军是一名胸外科医生，硕博连读，从七岁上小学开始到三十几岁，他除了在课堂上学习，就是在手术台上救死扶伤。在他的概念里，学习是一个人一辈子都不能割舍的，正所谓活到老学到老。

他身边的同事、领导，无不对他拍手称赞。术业有专攻，这样勤学好问之人，在哪儿都是光芒四射的瑰宝。就连于海军治疗过的患者都认为遇于海军则幸。

这一天，于海军像往常一样查房，35房208床的病床上却空空如也，他问了护士，才知道李大娘前一天就进了重症监护室。

于海军一惊，李大娘虽说病情严重，但经过治疗，病情还是比较稳定的。前一天他还和主任说："如果没有意外，再过一两天，李大娘就可以出院，回家休养了。"可怎么就突然间进了重症监护室呢？于海军百思不得其解，直到听到给隔壁床病人输液的小护士说的话，一下子明白了。只听小护士对患者直言道："排便是一个自然规律，你不能因为没有排便的感觉就不上厕所啊，你得每天都去，最好是同一时间，这样有助于养成习惯。排便最大的禁忌：决不能今天没感觉，就想着明天再去也是一样的。那怎么能一样呢?便里的毒素全部都藏在你的身体中，说对身体没伤害，你信吗? ”

于海军现在只能祈祷李大娘能够平安度过危险期。

早在两周之前，于海军就发现李大娘的病情有些蹊跷，但是他不敢确定，想着和主任沟通一下的，却因为当天的一台手术给忘记了。然后他就想着，明天再去找主任也是一样的。第二天，他找到了主任，恰巧主任连着要做三台大手术，于海军就又对自己说：主任做完手术一定特别累，那就明天再找他沟通吧，反正李大娘的病情现在还很稳定，我发现的小问题也不一定是致命的……

就这样，一个原本很小的隐患未能及时消除，一个需要马上解决的问题被推到“明天”，或许于海军通过自己的钻研也能找到问题的根源，但李大娘的病等得起吗？对于一个医生而言，有什么比救死扶伤更紧急的呢?

遗憾的是，李大娘未能顺利走出重症监护室的门，于海军也因为极度内疚从此放弃了事业。对于医疗事业而言，就此失去一位医学人才；对于于海军自己而言，就此失去的不只是一份工作，还有内心所描绘的宏伟蓝图。

同于海军相比，吴怡的“明天观”还没有造成多么大的威胁，但我们都不再是小孩子，都明白“明天”的意义。吴怡就像一个电量充足却不准的闹钟，每天都提醒自己有哪些事情需要做，也很有热情想着如何完成，可当把事情摆在眼前的时候，她又不知道哪个时间该做哪件事了。尽管她每天很守时地上下班，按部就班地做着本职工作，甚至十分清晰地知道哪些事情是紧急的，可是她的拖延症在作祟，使她遇到障碍就只想着明天再解决。

无论是吴怡，还是于海军，他们都设想过明天之后会是什么样的，他们也一定努力地过好今天，可一旦遇到障碍，不争气的“明天观”就会第一时间横亘在他们奋发图强征途的开端。

想象中的美好，对于拖延症患者来说更像是一种自我慰藉。因为不付出行动的设想，永远不可能改变现状。这让我们不禁思考：“明天”到底能有多少？

还记得那个令很多人揪心的2012年吗？传说中2012年的某一天是世界末日，一些信以为真的人提早贮存了生活必需品——水、压缩饼干、氧气、打火机……2013年的新年钟声敲响时，世界末日之说就此告一段落。

倘若世界末日是真的，而且就是明天，那么今天的我们是否会认真期待明天的到来？是否会充实饱满地过好今天，从而使明天没有丝毫的遗憾？时间是个“吝啬鬼”，它不允许谁把明天提前至今天，也不能把今天挪到明天。

也许你会说：“今天的状态不好，无法做到今天的事情今天做完，可以从明天开始，这样就不算拖延了。”这样的想法本身就是错的。我们不能总把期待放在明天，就算明天你再努力，比今天努力十倍、百倍、千倍，那明天的明天，你又如何弥补前一天所欠下的债呢？

时间不间断地流逝着，青春逐渐远行，属于你的明天又能经得起多久的挥霍？明天之后，你依然会发现很多应该在“明天”之前完成的事情还没有做完，甚至都没能来得及做。这时，你是否感到懊悔，懊悔浪费掉今天的时间？

我想，没有人愿意活在明日的懊悔中，所以请不要跟时间开玩笑，因为时间不会笑。踏实做好今天的事情，若有空闲时间，请增强自己的能力，让自己加速成长，即使养精蓄锐，也好过得过且过。

别担心自己努力了却不能变得优秀，因为更多比你优秀的人比你更努力，如果这算是危机，你是否会放下对明天的期待，选择此时此刻开启努力模式？

过好今天，把握今天，放下对明天不理性的期待，跟自己的拖延症说再见，你会发现今天的努力或许不能马上见成效，但坚持下去，明天的你就会成为今天的你的骄傲。

“今日事，今日毕”的六字名言成就了不少巅峰之作，更改变了多数人的命运。命，是失败者失败的借口；运，是成功者成功的谦辞。命运从来都掌握在我们自己手中，就像我经常对刚刚走出校门的青年说的：埋怨只是你在现实中懦弱的表现，越努力的人，越知感恩今天的坚持。心之何如，有似万丈迷津，遥亘千里，其中并无舟子可以渡人，除了自渡，他人爱莫能助。

2. 明明制订了计划，为什么还是失败了？

初二的那年，唐灿发挥超常，居然考进了全年级前十名。一起玩到大的小伙伴狠狠地挖苦了她一番：“你说你，考得这么好，砸手里了吧，像我一样安安稳稳地当个中等生不好吗？”这样的开篇，估计多数读者都会感到疑惑，学习好不是一件好事吗？为什么反倒被挖苦一番？

话说回来，这次考试恰巧由校长亲自监考，她认为在这样严格的监考下能够考出好成绩的，都是本本分分学习的好孩子，平时也都该是尖子生。

再加上唐灿这届学生已经初二了，距离中考的时间越来越近，学校觉得应该让这些好孩子更加努力些，为他们的人生锦上添花。

在校长的苦思冥想下，唐灿等这次考试排名年级前十的同学被理所当然定义为“好孩子”，好孩子就应该有完美的人生，而完美的人生一定要经过精密计划，计划就应该当下落实，刻不容缓。于是，唐灿等人在校长的严格监视下，开始实行为他们量身定制的全年学习计划。可因为残酷的现实，最终无法落实这个近乎完美的计划，唐灿最美好的年华，就都砸在了这个“完美计划”上。

按照计划，唐灿每天5点钟睁开眼的第一件事就是慢跑30分钟，再跳小绳至少1000下（跳不好的还不算在内），然后回到卧室完成100个仰卧起坐，再洗漱，让自己以更加清醒的状态和饱满的热情投身到30分钟的晨读中来。一三五日阅读语文课文，二四六阅读英语课文。6点30分准时吃早餐。早餐不宜吃太多，否则会增加肠胃负担，可能会导致上午困倦的症状，所以唐灿给自己的早餐时间定为15分钟（含3分钟的刷牙时间）。6点45分出门，7点之前就能到学校，开始一天的学习。

下午4点30分放学后，她去食堂吃顿简单的晚餐或坐在教室啃个面包后，在5点准时开启晚自习模式，直到晚上9点真正意义上的“放学”。以最快的速度计算回家的用时，唐灿9点30分之前就到家了，然后从晚上9点30分到子夜1点30分的4个小时时间，是她的课余学习时间。

校长为了监视同学们执行学习计划，想出了各种花样让学生们“打卡”。时间太紧张了，除了尽可能保证四小时的睡眠时间，唐灿没有个人空间，一天下来感到非常疲惫。但这又能怪谁呢？计划是自己定的，定了计划就要去执行。可是她为什么不结合自己的真正能力，充分考量后再做计划？

校长眼中的完美计划，在唐灿眼中就是个玩命的计划。坚持了两个月，她整个人都蒙了。而校长坚持自己的想法，给“好孩子们”进行严格规划，相信未来的他们一定会感谢今天遇见了这样苛刻的校长。

可此时的唐灿已经越来越厌倦这些不适合自己的计划了，她开始用敷衍的态度对待这所谓的“完美计划”，以至于有了恶意拖延的行为。

一个正处于美好年华的学生，一个身心都在蓬勃生长的青春少女，就这样在初中时代留下了一段灰暗的记忆——做计划，执行不适合自己的计划，简直太坑了！

有了这样的一段刻骨铭心的往事，步入职场后的唐灿变得更加谨慎，或者说在做计划和执行计划上特别谨小慎微，计划不完美就不做。可是这样做出来的计划基本上葬送在摇篮里。

工作上，生活中，如果事事无计划又或有了计划却不执行，那事情又会变成什么样子呢？余兵总是很忙，忙得焦头烂额，甚至有时候连自己是谁都想不起来。他在网上下载公开课，在视频网站上搜索评论较好的演讲稿，一周去两三趟书店或图书馆，买回来一大堆考研的资料、国考复习题、商务英语的真题卷。后来他又开始关注经济师和心理咨询师的相关备考资料，只是因为囊中羞涩没有立即购买。快到双十一的时候，别人都在为心仪已久的礼物而“剁手”，余兵则是为各种参考书、网课而“剁手”。

万事俱备，只欠东风。余兵开始为这个东风的到来做计划：从现在开始，每天背诵100个单词，其中至少六成以上是陌生词汇，每天利用睡前的一小时，看一段演说视频，再用一小时阅读。

多么励志的计划，我们都相信这样的计划执行下来，余兵会成为我们身边最优秀的一个人。

然而，到余兵开始执行计划的第一分钟，隔壁老王来了电话，说两人很久不见的共同朋友从国外飞回来办事，明天就要飞回去了，希望今晚大家能聚聚。余兵没有想就答应了，赶忙去赴约。他在心里很认真地盘算着：计划明天再开始执行吧。

“明天”到了，又是当他准备执行计划的时候，同事打电话过来说自己家里有事，明天要交上去的方案今天就得赶出来，独立完成比较吃力，希望好哥们儿余兵能协助自己一起完成。余兵为了哥们义气和同事情谊当然答应了，于是他又想：今天的缺憾就留到明天弥补吧……隔三岔五的突发事件严重打乱了余兵的计划，他不得不将当天的学习任务拖延到次日，然后所谓的计划，就成了废纸一张。

在学习计划面前，余兵努力了吗？唐灿努力了吗？回答是肯定的，他们都努力了。唐灿至少坚持执行了两个月的“完美计划”，余兵至少看完了下载的几节网课，背完了几百个单词。

但是他们的努力有好的结果吗？也许没有，因为后来的他们都因为各种原因放弃执行自己的计划。他们都认为自己没有做错什么，也确实为了成长、为成为更好的自己而做了计划，也为了执行计划坚持过、改变过。可是，他们的任务越来越多，难以完成。

为什么会有很多人在计划面前成为失败者？因为没有执行力的计划是不可能成功的。

没有执行力的计划最终会摧毁做计划的人。我们所有人都有能力执行计划的第一步，但坚持下来很难。

我想，很多人都读过时间管理的书或听过有关于时间管理的课程。如果把自己的时间做出合理规划并且坚持执行，想必多数人也可以漂亮地完成计划。

可是，若只有计划做得漂亮，没有行动力，依然不会成功。

没有执行力的后果便是拖延，拖延之后会让你第二天的任务猛增，你以为昨天的“请假”会让今天的自己满血复活，殊不知越拖下去就越危险，甚至会让你开始抱怨，觉得时间不够用，进而感到焦虑，最后消磨你的斗志，打击你的信心。

3.为什么工作总是堆积如山？

快节奏的工作与生活中，越来越多的年轻人未老先衰，他们感叹时间如百米冲刺，委曲求全地挣扎于体力透支的马拉松。

大多数人都习惯了早上睁开眼就拿起手机上下翻，看朋友圈、微博，看各种视频……那些耳熟能详的段子手，若没有及时更新信息，你一定会把他们劈头盖脸地指责一番：这厮昨晚一定是出去玩了，居然放着自己的“本职工作”不做。若是他们更新信息比往日频繁，你又会断言：这又赶鸭子上架了，要么就是准备请假，把工作提早赶出来。

生活给每个人腾出了时间用于遐想，有些人却在瞎想。于是，那些时间被零零碎碎的小事填满，而真正要做的事情自己总是拖拖拉拉，不去执行。然后你埋怨天，埋怨地，不知道时间去了哪里。

这样的埋怨，李迁平怕是早就习以为常了。

李迁平从部队退伍后，进入一家为企业提供第三方服务的安保公司工作。部门领导考虑到他是经过军队洗礼的专业人才，就让他负责整个安保部的6S管理。这本身就是一家相对军事化管理的公司，员工的学历或许不是特别高，大多是高中、技校或大专毕业，但他们很早就已经以军人的标准严格要求自己。

因此，当李迁平出任这个职位的时候，基本上不需要怎么约束员工，大家就都能极为自觉地执行各项任务。这个条件对他的工作有很大帮助，他却认为毫无挑战，觉得自己的圈子小、平台小，想要去大型企业做管理。有了这样的心思，李迁平就开始寻找各种关系，准备跳槽。

战友马占山把李迁平介绍到一家钢铁冶炼企业做行政管理，李迁平充满正能量地迈进了钢铁企业的大门，想着凭借自己的一腔热忱和一个正规军人的姿态，怎么也能干出一番佳绩的。

可时随着工作任务不断增加，他越来越忙，整个人处于亚健康的状态。身边的亲友关切地说：“太忙了就换个工作吧，也不争天争地。”

李迁平摆摆手说：“没事的，我还能挺住！领导把工作交给我做，是对我的信任。”

这样的李迁平想必是很多人眼中的楷模，为了企业牺牲自我。他成了同事之间争相传颂的领头羊，很多人都这样说：“多学学人家李迁平，每天最忙的就是他，也不见人家有任何的抱怨。”

然而事实并非如此，工作上李迁平有个很不好的毛病——工作没有计划性，也不善于总结。每天领导分配给他的工作很多，但他从来都是领导给什么就接什么，不考虑自己能不能做、能不能做完、能做成什么程度，这就导致他手里的工作越积越多。

为了能及时去做领导新下达的工作，他通常都是领导给新的任务了，就忙新的工作，之前没做完的工作就放在一边，越放越多。这样既使自己变得异常忙碌，也耽误了公司的任务进度。

直到领导询问交给他的工作做到哪一步时，他才意识到自己还堆积了那么多未完成的工作。

其实，李迁平也不是不想做，造成这个后果的原因是多方面的：一方面是领导并未及时得到李迁平的反馈，不知道他还有很多工作积压，没有做完，自然有新的工作就交给他；另一方面，李迁平只想着把“最重要+最紧急”的事情先做完，却没有意识到他早已把领导每一次给他布置的新任务，认为是“最重要+最紧急”的。

李迁平已经不记得自己因为工作熬了多少个通宵，也不记得自己多久没有休息，多久没有回家陪伴家人，更不记得同学的聚会等。同样的生活，为何他的生活不够精彩?

“小李，下午Q公司的张总带着他们的高层管理人员到咱们公司参观，你接待一下。参观之后把咱们最新提报的项目在会议室给大家介绍一下。”

李迁平的思绪瞬间被领导的话拉了回来，思想很丰满、行动力很差的他，想着接待就需要不少时间，而在会议室做项目汇报又需要做PPT……这些工作对于他来说，少说也得用20个小时做完，而自己手里要提交的项目申报资料还有三个没有完成，而且都是今天下班前要交给领导的。

李迁平知道，自己的拖延行为限制了他实际的工作能力，也很难提高工作效率。甚至，他觉得同事们投向他的那种“你最能干”的眼神充满讽刺，因为他实在担不起别人这样的羡慕。

他想成功，想一鸣惊人，想在领导的心里占有不可替代的位置，却忽略了他做事没有规划性，加重了他的拖延症，害了自己。他什么事都想做，但每一件事又都没有做完，导致任务不能很好地完成。

要是没有“最后期限”就好了，李迁平心里无数次这样祈祷，如此，想必拖延就是世界上最美好的事情。面对堆积如山的工作，谁都没有任何借口继续浪费时间。因此，摆脱你的拖延症，迫在眉睫。

4. 其实你的拖延正是因为它

曾有那么几年，世界首富排行榜上有两个人轮流摘冠，这两个人就是大家耳熟能详的软件巨子比尔·盖茨与股神沃伦·巴菲特。当两位神一样的人物聚在一起，谈论人生重要问题时，他们不约而同地给出了相同的答案——专注。

专注可以让平凡的事变得伟大，让梦想成为现实。做事专注就像得到了神奇的力量一般，可以造就更辉煌的人生。相反，不专注的人，凡事都渴望大包大揽，即使事情在自己能力范围内，可以做好，也会摔很多跟头。

景逸是一家建筑公司的技术员，为人乐观、善良，充满正能量。领导和同事没有不喜欢这个阳光大男孩的。因为离家在外，景逸租房子、吃饭以及平时的应酬，几乎花光了他的收入。眼看着自己年龄越来越大，要是再谈个女朋友，花销更成问题了。

经过两年的打拼，虽然银行卡上的存款还不足五位数，景逸的能力却出类拔萃。同行业的人员彼此间都有一些联系，景逸这个名字就被越来越多的同行领导听到。

景逸的实力，部门主管和单位领导也都是看在眼里的。年终总结大会上，最佳优秀员工得主自然是景逸。由于单位的重视和行业内大佬的青睐，景逸开始收到很多同行抛来的橄榄枝。以景逸的个性，自然不会因此而放下现在的工作，但盛情难却，景逸答应在“看得起”自己的行业精英的公司做兼职，他打算用自己的业余时间，为他们做工程设计和技术指导。

有了兼职后，景逸的生活越发充实，工作倒也没耽误，兼职也做得顺风顺水。这一年年底，除了年终奖拿到了一万元，他的兼职收入也有近三万元，加上攒下的钱，景逸打给老妈五万，让老妈帮他攒着。

有了兼职的基础，景逸心想：工作固然重要，目前的收入也还算不错，但若能够将锦上添花的兼职也能做成一份事业，岂不是更能充实自己的腰包。这样的话，说不定几年的光景，就可以在省会城市按揭购买一套小户型了。

就这样，在朋友和上一年合作比较愉快的“东家”推荐下，景逸同时在五家公司做兼职。北方城市的建筑工作通常不会用一整年的时间，差不多上一年12月至下一年3月的四个月时间里，工作人员都是清闲的。

景逸在刚开始接手这几家公司业务时，时间安排还算是得当的。可随着工期变得越来越紧张，特别是年底的赶工时间，景逸真的是忙不开了。

“张总，您别急，设计院那边我昨天打过电话了，今天他们就能够和您见面。您放心，我既然接了您的任务，就一定给您办妥，实在不行，我亲自坐高铁过去一趟。您先别急！

“王总，我知道您的工程款已经非常紧张了，银行那边我打过招呼了，最多一周内就可以放款，肯定不会耽误您的工期，您放心吧！

“李总，我下午就去您公司，车票都买好了。关于技术问题，我想我去了就能解决。不过我时间比较紧张，今晚就不参加您的宴会了，让您费心了！

“李主任，我家里有点急事儿，今天下午我请半天假，明早会准时出席周例会的。请假条麻烦您签一下字，等我回来交给人事部，谢谢您……”

打电话、留言，景逸从早上进了办公室就没闲过，一上午的时间，没有一分钟是属于自己的本职工作的。

坐在去往H市的列车上，他异常难过。

几个兼职固然让他的生活变得更充实，腰包也更鼓了。可这半年多的时间，景逸身心疲惫，部门主任交给他的工作，他总是拖了又拖；兼职的几家公司也不停地催他完成阶段性的指标，他同样用各种理由搪塞。

近一个月，景逸几乎没做什么实质性的工作，每天忙得焦头烂额，朋友给他介绍的女朋友见了两面，他觉得挺合适的，但因为工作忙得不可开交，两人的关系也是迟迟没有进展。

大概只有真正静下来，景逸才能将这些事情捋清楚，然后非常清晰地和自己说：“你就是手伸得太长了，什么都想接，然后哪一个工作也完成不了。一想到完成任务有难度，索性就拖延着不做了，一个任务拖，两个任务拖，个个任务都拖……”

又是一年的年底，景逸辞职了，没有人知道他去了哪里，因为他换了所有的联系方式。熟悉他的同事说，他本来不拖延，就是因为手里要做的事情越来越多，精力和心力都不够用。他也不能原谅拖延的自己，就用离开的方式结束这一切。

景逸走的时候，公司的工作没有做任何交接，工资也不打算要了，几份兼职的收尾工作也没有做完……这样的逃避，不知道他会持续多久。

是啊，有很多的事情做虽然不是坏事，可若超出了自己的能力范围，不能专注去做，就会把事情越做越乱。

专注是成功者成功的筹码；不专注却是失败者失败的根本。

人类非常有智慧，是迄今为止生物界中的佼佼者。只要他们专注做一件事，相信就能做出成绩，离成功也不会太远。

专注，可以让人变得更完美。人们专注的过程中，眼睛看不见第二件事，耳朵听不到第二件事，双手也无暇顾及第二件事。唯有专注，你才能离成功越来越近。正如乔布斯所言：“人这辈子没办法做太多事，所以每一件都要做到精彩绝伦。”

有人说：“乔布斯离开后，苹果再也不是‘苹果’了，因为和他一样专注做事的人不多，且越来越少。”

每一个能够专注做事的人都知道，同时做太多的事情会分心，到头来每一件事都做不好。我们见到的所有成功人士，不是他们家里有多少财富，也不是他们天生精力比谁多，而是他们将自己有限的精力专注地用在有限的事情中，精神专注，目标专一，由此充分发挥自己的才智，将一件事做到极致。

大雨过后，石阶上的蚯蚓从一边爬至另一边，它没有爪牙，又没有筋骨，却可以上食埃土，下饮黄泉，究其根本是用心和专注。

很多人都是在书本中认识的居里夫人，她十几年如一日地专注于在矿石中提炼放射性元素的研究，成为诺贝尔物理学奖、化学奖的得主。

因为专注于学习，高尔基入主文学圣坛；因为专注于真理，伽利略在权威面前毫无畏惧；因为专注于飞翔，莱特兄弟带着人类翱翔蓝天……专注可以助你战胜拖延，所以做事一定要专注。

第三章

造成拖延的那些因素你有没有中招？

造成我们拖延的原因有很多，让人既伤身，又伤心。拖延会让人变得消极，因为消极，又让人一拖再拖，所以要擦亮眼睛，找到病因，从根本上解决问题。

1. 思想误区：总把压力当动力

不知道从什么时候起，人们的生活节奏开始加快。在地铁的通道中，一边打电话，一边以竞走速度前行的年轻人层出不穷；写字楼门口，拿着公文包一路小跑的人比比皆是。

也许，你会怀疑这可能是日本，那个人们必须拼命努力才能赢得一席生存之地的岛国。实际不然，这样的画面，在中国的很多城市都常见。也许，你还会有疑问：为什么现在的年轻人如此拼命，是谁给了他们这么大的压力去挑战极限，难道在当下的社会，生活已经变得分秒必争了吗？

压力，便是你看到的景象的坚实助推者。那句“压力就是动力”，时常在耳畔环绕。是的，很多时候，压力会让我们错误地认为它给予我们的是正能量，是奋斗的动力，但事实是，它悄无声息地在各方面造成拖延的局面。

大多数人认为压力可以转化成动力，只要在工作上、生活上给自己施压，就可以激发自己无限的潜力，也能让自己拥有更多表现的机会，取得意想不到的成绩。虽然压力有时候可以激发出人的斗志，但并不是所有的压力都充满正能量，让人们事半功倍，甚至对一部分人而言会适得其反。

特别是给这些人施加更大压力的话，不仅无法成为他们的动力，还会让他们不堪重负，想逃离压力，激活大脑中一种称为“焦虑”的因子。

有新是一位专注于代购的姑娘，平日里会看看书，画个画，冲杯卡布基诺或写几段优美的文字。性情使然，有新看到有灵性的文字就会不由自主地好好阅读一番，然后特别关注写出这样文字的公众号。有一天，有新打开微信，发现自己关注了562个公众号，这令她吓了一跳。

她是如何关注了那么多微信公众号的？细细算下来，一些是工作上需要关注的平台，一些是朋友自建的平台，还有一些是大街上或吃饭时别人生拉硬拽强烈要求关注的平台……当然，其中绝大多数还是有新认为值得保留和关注的有好文章的作者的平台。可是，五百多个公众账号，有新每天能阅读多少个呢？

如果将这些账号每天发布的内容全部看一遍，估计一天也不用做别的什么事情了，因为根本没有那个时间和精力。但有新确实每天要阅读一些微信公众号内写得比较好的文章，只不过，这些经常被有新“翻牌子”的微信公众号在整个通讯录里面还不到十个。

所以，我们经常可以看到公众号目录下数不清的小红点在眨着亮晶晶的眼睛等待主人的青睐。既然有那么多的账号基本上被打入冷宫，为什么不取消关注呢？有新对自己的眼光比较自信，她认为既然某些文字可以打动自己，那么写出这样文章的作者多半也是与自己志同道合的伙伴。伙伴们写出的文字即使自己没有第一时间阅读，她也相信其中有很多地方值得自己学习和研究。有新想：这些对多数人的精神和思想能够有所裨益的文字，有资本横在我的微信通讯录里。

有一段时间，有新开始着了魔一样追剧，之所以说是着了魔，是因为对于有新这样比较自律的人来讲，能够废寝忘食追剧实在是很难想象的。但她依然对关注的公众号情有独钟，阅读和思考依然是她每天必备的功课。

可是问题来了，她心里住进了追剧的小魔兽，每当她打开文章只看了开头，那个小魔兽就开始动摇她，让她分心，想要看看今天的剧情是不是跟自己预想的一样。于是，原本该用于阅读的时间都被追剧占用了。那些曾经的情怀，顷刻间瓦解。

也许你会说，一个微信公众号，一篇还算有营养的文章，没看就没看吧，什么时候想看再打开就好，为什么说得好像自己犯了多大错误一样？给自己那么大的压力干吗，这么有秉性的青年，没有压力也会动力十足。

可是，当那些压力开始席卷你周身的正能量，甚至开始改变你原本熟识的环境和擅长的领域时，你必须警惕，因为它可能是你前行路上的阻碍!

有一天，有新翻看公众号时看到一篇关于解压的文章，其中一句“你必须承认，你做不完所有的事情”深深戳到有新。对于有新来说，这句话翻译过来就是“你有看不完的公众号，有读不完的书，实现不完的追求和梦想”。

有新的死党周瑶，一大爱好就是买书。

周瑶一直对自己有着较高的要求，希望不断提升自己，成为社会的中流砥柱。特别是她认为闺密有新是优秀的青年，作为她的朋友，一定不能太差。所以，周瑶想多读书，多看有意义的电影和纪录片，她还想把扔下十几年的绘画重新拾起来，然后在感到疲惫的时候去健身、练瑜伽……用身体上的充实弥补大脑中的片刻空白。一向不进厨房的周瑶，甚至有很坚定的决心去学习西式烹饪……如果这些还只是梦想，我们不得不奉劝周瑶，给自己的梦想减减压吧。

我们大多数人其实和周瑶一样，理想很丰满，但现实很骨感，真的到了执行的时候就认㞞了，这样想得多，却做得少的人实在太多了。

久而久之，周瑶认为是自己的执行力太差的缘故，但仔细分析，又不仅仅是执行力的问题，更加严重的问题是，周瑶揽在手里的功课太多，貌似有精力能够全部完成，实际却是全不能完成。

一个人的成功与否，不在于他做了多少事情。哪怕他只做了一件事，只要这件事成功了，这个人就已经被贴上了成功的标签。可是如果一个人做了太多的事情，但所有事都缺少一个结果，那么他算不上成功者。

所谓一事精致，足以动人。

和她们俩一样，我也是个喜欢读书、写字的文艺青年。有一段时间，我特别喜欢读书，然后就开始疯狂地买书，后来我发现，我看书的速度远远不及自己买书的速度。

有一次单位组织捐书，我一下子捐了55本，其中有近20本书是没有拆封的，而这些书已经躺在我的书架上足足十年。十年一直未被开封的故事，还是送给更多懂它的人吧。

现在，除了给孩子买一些学习资料，我已经很久没有大规模地买书了。家中的书柜里依然有很多没有被拆封的书籍，它们立在书架上，仿佛瞪着眼睛在告诉我：要是不看的话，为什么带我回家？每每看到它们，我心头的压力就油然而生，没看的书竟然从几本变成了几十本……

有时候不当的压力会导致产生焦虑甚至抑郁的负面情绪，这是负能量，是阻碍我们前行的障碍，绝不是助推我们前进的动力。

很多时候，压力越大，我们越需要给自己减负，只有养精蓄锐，我们才能满血复活，跟拖延症说再见！

2. 拖延是否已经成为习惯性行为？

无论是学习上，生活中，还是工作中，我们都会看见各种各样的拖延行为，他们真的就无可救药了吗？如果拖延久了，是不是再也不能成为一个高效的人了？

太多的人为“拖延症”所困，开始可能就认为只是小小的拖延行为，没过多久就及时“补”上了。所以，几乎所有的人都认为拖延症并不可怕。

拖延症的原因简单到用一个字概括——懒。

人们在学习和工作上缺乏完美计划，再严重点说，只不过是没拿别人的时间当回事儿罢了，所以就会拖延。但事实真的如此吗？

《荀子·劝学篇》有言：“不积跬步，无以至千里。不积小流，无以成江海。”好行为塑造好习惯，同理，懒惰也会造成拖延习惯的滋生。

那种根植于内心的坚固思想，往往会让你逃避各种不舒服的感觉，让你挖空心思寻觅更为舒适的区域，哪怕邋遢成性，拖延无度，也在所不惜。

于盼盼从小就是一个乖乖女，母亲独断独行，对她管束严格，就像那句特别喜感的网络语言“有一种冷叫你妈觉得你冷”。

于盼盼似乎觉得母亲的专制与严格要求是一种普遍的行为，直到她上了小学，对身边的小伙伴以及小伙伴的家长有了进一步的了解。没有对比就没有伤害，别的小朋友的家长可没像她的亲妈这般专制。

上小学三年级的一天，于盼盼想和小伙伴们一起去野炊。这个活动是几个要好的孩子家长组织的，因为盼盼的妈妈很少和盼盼同学的家长有往来，但是盼盼又非常合群，几个小朋友及其家长都热情地邀请盼盼带着妈妈一起参加集体活动。

盼盼妈妈那时刚从国外出差回来，一方面单位有很多工作处理，即便周末也很难抽身，但更主要的一个原因是，盼盼妈妈很自傲，有些瞧不起盼盼的那些草根同学和草根家长，所以不屑于参加这样的活动。她不仅自己不去，也严禁盼盼参加，没有给出任何理由，就是不可以去。

于盼盼从小就习惯了对母亲所有的言语和行为无条件地服从，所以即便心里有一万个不高兴，她也埋藏得很深很深。只是随着年龄的增长，心灵深处受伤的次数越多，越发体会不到温暖，有的只是冰冷感。

高考的时候，于盼盼特意选择了离家很远的城市读书，她明明知道自己那个专制的妈妈一定会反对，但她有无可挑剔的理由：那是所有美术专业学生梦寐以求的学府——鲁美。是的，从小被母亲逼着学习绘画的于盼盼，终于利用这个母亲种下的因结出了今天能让她为所欲为的果。

新生报到的这一天，于盼盼按照自己喜欢的装扮，狠狠地给自己“黑化”一番。以前母亲决不允许她戴美瞳的，更不允许她穿奇怪的衣服。今天的于盼盼穿了一条超短一步裙，搭配一件露脐的吊带背心，戴了一副大大的能遮住半边脸的墨镜，脚踩了一双15厘米的高跟鞋。

于盼盼出现在同学面前的一刹那，大家都惊艳了，想不到江南小城走出来的小家碧玉如此时尚、美丽。辅导员和系主任对此也见怪不怪，何况于盼盼的装扮也算不得是什么奇装异服，只不过在东北的9月里，这么穿会不会有点冷？

冷不冷我们不知道，但于盼盼心里的凉却是从小就深深埋下的。美术学院从来都不缺靓丽的妹子，于盼盼自然不是样貌最出众的一个，专业课水平却是一流的，连副校长都对她的画作赞不绝口，称之有凡·高的意境。

自然，大型赛事选拔人员的时候，系领导首先想到的就是于盼盼。

能够挑起大梁，对于盼盼而言是值得骄傲的，她信心满满地应承下来，答应一周之后交上作品。其实，一周的时间并不长，但以盼盼的造诣，时间上倒不约束她的才艺发挥。

一周很快过去了，盼盼却没能按时交上作品，老师又宽限了一周的时间。又一周过去了，盼盼还是没能交上作品；老师尴尬地又给了她一周的时间，就这样一周一周的拖延，两个月过去了，最后的期限于盼盼还是没能交上去。

几个要好的闺密私下里问于盼盼：“为什么在这么重要的赛事上拖延？”

于盼盼自己也不知道原因，只是不停地说：“我害怕评选不上！”

这样的心理负担，更多来自小时候母亲苛刻的专制行为。于盼盼从小就开始萌生不自信、极度害怕不成功的心态。这样的拖延并不是她想要的结果，但似乎又是她赖以生存的习惯。听起来，母亲的专制和于盼盼的拖延症八竿子打不着，但很大程度上，又有密不可分的因果关系——拖延是一种被动的攻击行为，拖延者潜意识里会用反抗他人来对待他人予以的控制。

于盼盼的拖延交稿看似不是故意的，实际上却是一种内心无法抵御的习惯性行为。她担心如果出色地完成老师布置的赛季作品，终有一天会给自己带来麻烦，而这样的麻烦是不是真的存在，她也说不清楚。

一位认知行为学的教授曾说过：“人们总想着能者多劳，因为如果你做得太好，就会承担更多的责任、背负更高的期望。”这话放在于盼盼的身上，可以理解为如果她出色地完成了老师布置的作业，并有幸在赛事上取得大奖，她有理由担心学校会认为她特别有能力，会不断给她增加各种参赛作业，然后要求她不断进步，取得更高的奖项。

在拖延这个说不清理由的问题上，有人害怕成功，也有人害怕失败。人们似乎都齐刷刷地等着“预备”，然后再“开始”。他们希望事情可以慢慢地做，因为做完了这件事，还有更多的事情等待他们去完成，特别是工作，因为工作是永远也做不完的。

并不是所有的“慢功夫”，都能做出精细的活儿。在拖延的过程中，人会萌生恐惧心理，担心随着时间的消耗，事情会越来越糟糕，这样的心理负担也就愈演愈烈、有增无减，然后一事无成。

比如我们最常见的一个现象，你的同班同学中，特别是大学的同学中，一定有几个人比同龄人年长几岁，可能一岁、两岁，也可能更多。

他们其中的少部分是已经离开校园很久，因为心里依然装着求学梦，进而参加高考、重返校园。也有在部队历练过考上军校的，但大多数的大龄同学可能经历了很多次高考和很多次复读。

我们必须承认，一些学霸高考失利，复读后考出理想成绩。但也不能否认，一部分学生复读后的高考成绩仍然是下滑的，而且越来越差，第一次分数在重点本科的分数线边缘，第二次分数入二本线……但想想第一次分数擦边，又不甘心迈进二本的大门，结果第三次可能只考了个大专。

越是有压力，越是对结果产生恐惧，就会放慢自己前行的速度，于是学习成绩越来越差或者工作业绩直线下滑。

拖延的人总是习惯对自己的弊端视而不见，有些掩耳盗铃的意思，他们一旦选择拖延工作和学习任务后并不会有所改善，经常是将事情拖延到不可拖延的时候，再把事情搞砸，用“时间紧，任务重”做自己没有完成任务的借口。

我们要正视自己的弱点，但也不能总是批评自己。同时我们要懂得欣赏自己，发现自己的优点和不足，这样才能自律，掌控自己。面对困难时，我们要做到不拖延，不放弃。

3. 总对自己说“再等半小时就行动”

彻夜不眠的会议结束在第一缕曙光照进办公室的一刻，彭阳伸了个懒腰，感觉整个人都僵硬了。作为环保科的一名普通员工，他奋斗在一线八年零七个月了，那个让很多科员翘首期盼的科长职位，已经虚位以待一年多了。彭阳不想第九个年头还挣扎于小小科员之间，他总是有一种美好的预感——科长的位置是属于他的，只要他比别人更优秀。

当彭阳准备驾车于凌晨间驰骋于城市的最南端核心地段，去看看施工人员的绿化做得是否到位的当口，妻子打来电话说家里的灯坏了，由于物业费已经欠缴两年，物业已经停止了对他们家的物业服务，直到缴清拖欠的费用。所以，只能等着他这个一家之主回去维修或者更换，于是他脱下工装，刚要拉开办公室的门，旁边的座机响了起来……

“彭阳，你赶紧去张处长家一趟，他家的萝莉找不到了，你在单位，离他家近，抓紧赶过去帮忙找一下！”

打来电话的是彭阳的好友万洁亮，他知道彭阳有心往上爬，所以在朋友圈看到彭阳的顶头上司张处长家的爱猫丢失后，第一时间通知彭阳，希望他能够借着这股殷勤劲儿，仕途畅通。

一边是公事，要去核查现场的绿化施工；一边是家事，没有灯的漆黑环境怕是妻子很难熬，自己彻夜不归已经不是一次了，妻子一直很顾虑他的心情，也很支持他，他更应该担当起一家之主的责任；还有一件对彭阳更为重要的事，就是巴结领导，以前总苦于找不到合适的机会，如今机会来了，他可不想轻易放手。

彭阳先是给妻子打电话，告诉她睡到天亮再起床，这样就不怕在黑暗中跌跌撞撞；然后给绿化施工队的队长打去电话，告诉他自己一小时之后到。彭阳心里盘算着：我说一小时之后到，你们要是还没完事儿，也会早我一步抢先弥补，这样我去了也就差不多完工了，可以美美交差。最后，他给张处长致电，说看到了萝莉走失的消息，请领导少安毋躁，自己已经在领导家附近开始寻找了。

挂了电话，彭阳却没有了任何行动，懒懒地靠在椅背上，感觉自己就像一摊烂泥，扶不起来。他的思绪飘回到大学时候，他和当时还是女友的妻子一起去自习室学习，妻子认真看书、温习、备考，而彭阳则有一搭没一搭地翻看着手机视频。她质疑地问他：“考试都万事俱备了？”他的回答永远都是“看完这段视频，就开始学习”。可想而知，他这样的状态怎能应对严格的考试?

社团的团长让彭阳把上周末一起调研的几份资料整合一下，他总是推到明天，然后发现“明天”在有生之年数不胜数，便开始大肆挥霍。

放假在家的时候，母亲收拾完桌子，让彭阳去刷碗，拿着手机和女友聊天的彭阳一直用“再等半小时”来搪塞。

彭阳给自己的理由是：我是水瓶座，我有选择性障碍！

仔细看来，彭阳这样的行为是拖延，与选择障碍无关。

上班的时间渐近，同事们陆续走进办公室，此时的彭阳还没有去给张处长找猫，也没有去工地现场勘查，更没有回家帮妻子换灯泡。他想：我要现在出发吗？

发问的是坐在办公桌前的彭阳，回答的却是内心的他。

“别去了，现在天也亮了，没有灯也能看得见。张处长家的猫丢不了，猫都是喜欢出去玩的，玩够了就自己回家了。绿化工地在城南，公司在城北，一来一回太耗时了，而且这都早高峰了，到那儿也中午了，这样一天什么事也干不了。”

就在彭阳自问自答的时候，无意间从同事口中得知：张处长家的猫找到了，是同部门的另一个和自己竞争科长职位的科员找到的。听说找到的时候，萝莉被盗猫贼装进袋子里，差一点就被偷了。

这时彭阳的岳母打来电话告诉他，他的妻子由于在没有灯光的暗室里寻找照明工具，结果碰倒了花盆，砸伤了脚。医生说一个月不能走动，必须静养。

工地的工长也十分抱歉地打来电话说，大领导临时过来抽查，发现现场存在很多弊端，勒令工人们停工等待处罚。工长还善意地提醒彭阳，作为项目直接负责人，他可能会受到牵连……

什么事都想到了，什么事都想做，却没有付出任何行动，结果自然不尽如人意。

后来的结果是，彭阳的竞争对手顺利当上了科长；妻子的脚虽然好了，却留下一道明显的疤痕；因为项目上懈怠导致工程出现问题，彭阳被扣了两个月的工资和半年的绩效奖金。

其实，事情发生时，彭阳也着急，他却停滞不前，然后越着急越焦虑，后来索性什么也不管，恨不得时间就此停止，他好一个人想怎么样就怎么样。

着急和拖延本就是两回事儿，而拖延恰恰是焦虑的一种表现，又或者说是对抗焦虑的懈怠对待。很多人也都和彭阳一样遇到过几件棘手的事同时发生，大家普遍的应对办法多为“等等吧，交给时间来处理”，然后事情被搁浅，结果更是遥遥无期。

当一个决定必须要做，或者一项工作任务必须要开始的时候，一些人由于自身的压力、害怕失败的感觉就会越发强烈，从而加剧了拖延行为。

之所以说大多数人都有或轻或重的拖延症，是因为拖延的心理往往存在于每个人的心中，长期的拖延行为会使人养成习惯，习惯又会影响一个人的身心健康乃至前途。

美国心理学家约瑟夫·R·法拉利认为：拖延是心理和生理失调的一种表现，是一种病，但可以根治。一些习惯性把事情放到最后来做的人，是患了慢行拖延症，这样的慢行拖延症又分为激进型和逃避型。患激进型慢行拖延症的人自信满满，能够在更大压力下坚持工作，甚至会骄傲地将事情放到最后去做，等到了不得不做的最后节点，用神一样的速度高效完成，寻求其中时效上的刺激；而逃避型慢行拖延者，往往由于缺乏自信，担心自己做不好而迟迟不行动、不开始，也可能是害怕成功后会受到更多关注，给自己带来意想不到的麻烦，进而拖延任务的开始时间。

解决不同的拖延行为，就需要用不同的办法，所谓对症下药。

如完美主义者，认为计划不完美就不做计划，认为此时的自己非最佳状态就不付之行动……这样的人要想治愈自己的拖延症，就要允许有不完美存在，可能结果没有预期的好，但也要鼓励自己，相信事情会越来越好，而不是因为不完美就止步不前。

不自信的人总是担心任务太难，完成不了或者完成不好，然后就不自主地将任务推到明天，然后明日复明日……可是，你又有多少个明天用来抵御拖延呢？为何不尝试化整为零，将任务分解为几部分？这就像漫长的马拉松，如果你把节点放在不同的一段段区域标志上，那么“终点”就会很近，成果也很明显。

还有一些人，可能自认为是那种有自知之明的人，坚持努力，也承认自己的不足，但就是太过于自我贬低了，总认为事情做好了是侥幸，事情做不好是常态。当同事赞美他们事情办得漂亮的时候，他们会想：同事是不是有什么事儿求我办呢？而忽略了那是因为他们真的足够出色地完成了任务，大家有目共睹，从而真诚鼓励罢了。

世上无难事，只怕有心人。自古以来，中国文化就教育我们，做人不可妄自菲薄，亦不可缺乏自信和斗志。困难谁都会遇到，但所有的困难都有解决的办法。如果不能第一时间找到更好的解决方案，不妨尝试将任务分解，从一件小事开始做起，分重点和节点去完成。在单位时间里做好一件事，然后再去完成更多的任务。一段时间下来，就会将每一件事情都做了，而且进展很好。

一定不要着急想着把所有事一口气做完，那是不现实的。谁也不能一口吃成一个胖子，量力而行，对自己的任务进行分解，坚持再坚持，这样才能达成目标。

4. 拖延≠简单的逃避行为

我们生活的圈子里，很难找到一个从不拖延的人。实际上，轻微的拖延尚属常态，但程度过重的拖延就是病态的了。

心理学界曾经做了一次调研，从数以万计的调研问卷的统计结果可知，两成以上的人都有或轻或重难以改掉的拖延症。

试想一下，如果没有拖延的干预，人生该是多么美好的事情。远离难以承受的、自寻烦恼的拖沓，你的人生可以活得更精彩。

再见吧，拖延症！这样我们就有充裕的时间去做自己想做的事情，激发出自己惊人的潜力。

张智元不是科班出身，却在一家制造业做行政管理工作三年了。他每天上班开个早会，然后把昨天经理交给他的工作，原封不动地交给其他同事，以此坐上了办公室主任的位子。按照常理，他是没有资格做行政的，要不是三年前公司发生了大规模的人员变动，近三年来，又没有留下哪怕一个专业的行政管理人才，他才没有这样的机会。

机会来了，搁谁身上都得珍惜。没有经验就多多历练，不懂管理就多多学习，再不济，足够努力上进，领导也是看在眼里，记在心上的。

可张智元不管这些，以前他还知道领导在的时候表现表现；现在领导来了，他该玩游戏还是玩游戏，就跟没看见一样。时间久了，领导也容不下这样的人在企业中工作，是该换换新鲜的血液了。

九月，公司开始大规模招聘，到十月中旬，几个重要岗位的中层管理人员各就各位。张智元终于意识到，地球没了谁都照样转。他不是元老，也没给公司创造出什么价值，甚至在公司最需要他做贡献的时候也没有注入任何热忱。

之前离开公司的人都是有能力才选择跳槽，他不过是没走而已。而且，没走的原因特别简单，就是他没有能力，换了游泳池也不会游泳。

当他有了清晰的意识，更有了真实的危机感后，终于开始认真对待工作了。

机会从来都是偏爱有准备的人才。和新员工交接工作的时候，张智元故意不配合。

“行政管理制度都有什么？”

“什么也没有！”

“现在执行的行政制度有哪些？”

“不知道！”

“你不是负责行政工作吗？”

“你现在不是来了吗，你想定什么制度就定什么，你有能力的话，还用得着请教我？”

“我想你是误会了，我不是向你请教，是让你把工作交接给我。”

“你要是厉害，就自己弄，别问我，我什么也不知道。”

……

从交接工作的第一天起，张智元就是这个态度，于是他被提前开除了。收拾个人用品的那天，张智元情绪异常低落，他问自己：这样一个连人才都留不住的企业，有什么权力开除我呢？想着想着，在整理个人用品的过程中，张智元回忆了自己在公司工作的点点滴滴。

“小张，你把上个月的考勤发给我！”部门经理敦促着张智元。

“嗯，一会儿就给你！”张智元一边不情愿地应付领导，一边抓紧玩游戏，不肯浪费一分一秒。

“小张，我让你跟进的综合资源项目，现在进展到什么程度了？”经理在布置工作一周后，仍没有得到回复的情况下，迫切地追问。

“正在跟进，马上就完事儿了！”张智元根本没有跟进这个项目，连一个电话都没有打过。整天就是把办公室的门一关，然后玩游戏，涉及工作的问题就往后推。

后来部门经理跳槽了，单位的领导想着张智元在企业也有两年多了，就破例让他主管部门的日常工作，尽管没有正式任命，但大事小事也都是张智元张罗着。

想着想着，张智元想通了，开除他的不是公司，也不是领导，更不是哪位同事使坏造成的，而是他自己。总是把工作放在脑后，任何时候的任何事情都是各种推托。

企业要向前发展，自然不可能留下一个使劲儿拖后腿的员工。可惜，他就算现在明白也为时已晚。

“拖延”，正是把重要的、有时限的事情，推到其他时间，或者推给其他人去做的坏习惯。然后会发现，自己越来越讨厌自己的工作，无论是什么工作，哪怕是曾经自己最擅长的，此时此刻也觉得如此碍眼。

这样厌烦的情绪开始转移你的注意力，让你变得冲动和浮躁。渐渐地，一些无关紧要却可以给你带来快感的事情会取代你的工作，比如打游戏……

我们不能将拖延视为一种简单的逃避行为，就像张智元一样，他对工作的懈怠，对自己职业生涯的藐视，导致被开除。

我们身边，甚至我们自己的身上，都或多或少有过拖延行为。拖延是一个很普遍的现象，今天不是你拖，就是明天你的同事在拖。

当你意识到自己可能正在拖延的时候，最先要做的就是扼制这样的思想或行为，而不是仅仅给自己确诊为“拖延症”却无所作为，当问题和困难出现时，自然而然地后退，然后和世界打个招呼：“嗨，别跟我计较，我有拖延症！”

刘阳就是这样一个以拖延症患者自居的拖延者，妈妈让她给小外孙找个靠谱些的课后班，就这一件事，她从孩子上学前班时就拖着，一直拖到孩子小学毕业。

孩子上初中以后，学习成绩始终跟不上节奏，上课注意力严重不集中，特别是课后作业，不是作文忘写了，就是数学练习册落在了学校。一个十三岁的孩子，就算心再大吧，也不能凡事都没个好习惯。

刘阳开始大彻大悟，都怪自己没能给孩子培养一个好习惯，明明知道自己不是好榜样，还始终拖着没给孩子找个好的辅导老师。

拖延症耽误了自己，她能接受，但耽误了孩子，她不能原谅自己！

在愧疚的心理作用下，刘阳要戒了拖延症。

渐渐地，刘阳总结出，其实拖延就是一种心理负担，担心做不好或者有影响，而迫使思想开小差。用专业的词汇形容就是认知转向，儿子上课注意力不集中，恰恰就是被自己的拖延症给“传染”了。

经过一段时间的心理疏导，刘阳调整了自己的思维方法，从关注诱发性时间开始治愈自己的拖延症。当遇到事情，思想萌生出“明天再做”时，刘阳立刻消除这种想法，用“立即行动”取代“明天再说”，用行动力结束“拖延”对行为的干扰。

刘阳开始对令自己不愉快的事情着重关注，增加对其的黏性，延长与不感兴趣事情的交涉时间。就像健身或者瑜伽，你得让你的心理和你的身体一样，变得积极向上，跟拖延症说再见。

当与拖延症的距离渐行渐远的时候，刘阳发现，自己身边有拖延心理和行为的人大有人在。比如隔壁办公室的小张，神经总是紧绷着，总是担心领导给他的任务他无法完成或者完成得不好，让领导失望。即使是很简单的一件小事，在小张这里都变得异常复杂、有难度。

很多人可能会认为这是压力使然。如果这样的压力不是自己造成的，而是你给他人造成的，或者是他人给你造成的呢？想得出来，那个时候的你或者他，已经被拖延症打败。

第四章

你是如何一步步成为拖延症患者的?

众所周知，拖延是一种会给生活和工作带来诸多消极影响的行为。拖延的人心里很矛盾，明明知道拖延行为不好，却还是难以行动起来。那么，究竟是什么让我们成为拖延症患者的?

1. 你总是会给自己的拖延行为想出一万个借口

问：“你生而有翼，为何竟愿一生匍匐前进，形如虫蚁？”

答：“人人生而有翼，只要有张开翅膀飞翔的坚定信念，不断仰望天空，就一定可以飞翔，拥抱蓝天。可我宁愿匍匐前进，甚至一动也不动地当着一只杞人忧天的虫蚁。”

这是朱珠安静的时候，经常在心里自问自答的一段对话。

朱珠是妇产医院的护士，从护校毕业前她就在这家医院实习，至今已有小十年的光景。十年对一个女孩来说，那可是相当珍贵的。

朱珠没有什么特别追求，也没有不良嗜好，可十年过去了，朱珠依旧是老样子——工作上没有丰功伟绩，生活中也没有男友或可交往的对象。看着身边的同事一个个步入婚姻殿堂，就连没时间谈恋爱的小李，也在工作的第三个年头开始陆陆续续地取得各种资格证书。

朱珠也想学习，可拿起书本就犯困，那些密密麻麻的汉字她根本看不进去，也看不懂。家里长辈来电话说，在老家帮她物色了一个条件不错的男孩，让她回家和人家见个面。朱珠推托说单位组织了培训，培训结束后就要考核了，自己得准备，要是考得好就有晋升的机会。

医院的培训、考核、晋升的机会都不少，朱珠一直目睹其他人努力学习，取得好成绩，然后步步高升的过程，而她就站在起跑线之外，迟迟不肯行动。她习惯性地把起跑线当成警戒线，因为对于她来说，没有开始就没有结束，没有挑战就没有威胁。

她说："明明知道懒惰不对，可我就是不想努力。"

她还说："明明知道不能拖延，但不等到火烧眉毛，我还是不会有所行动。"

我们身边有很多和朱珠一样患有拖延症的人。在快节奏的社会中，有一种"病"让人焦虑、浮躁、逃避，甚至举步维艰。懒惰和倦怠就在这个当口悄然滋生，让一些人忘记了什么叫努力和坚持。

见到别人很优秀，会自愧不如，在该行动的时候又给自己找这样那样的理由。受到别人的质疑时会反驳："道理我都懂，只是……"

汉语言文学博大精深，转折词后的省略号充满遐想。

那么问题来了，既然明知努力就能进步，为什么你要拒绝努力？还不是因为努力并不像口头表述那样简单，展翅飞翔也要经历风霜和雨雪的锤炼。想到努力要面临的困境，给拖延配备无数理由的人，也就真的只是把努力放在心头想一想罢了。

有人在APP上创建了一个“我不拖延”的群，群成员早已超过上限，群主接着创建了“我不拖延2群”“我不拖延3群”“我不拖延4群”……这些群成员，总是用大量的文字宣泄自我拖延的并发症，言明自己深受拖延之苦。

有人说自己因为拖延，导致神志恍惚，总会认为自己已经灰飞烟灭，要不然怎能如此绝望。有人说后天就要上交项目方案了，可自己一个字也没写，手指放在键盘上硬是一个字也打不出来。还有人说自己是拖延症晚期的患者，就连群内的分享，也是定了闹铃，强迫自己进群“打卡”表决心的敷衍。

万恶的拖延症，多少人因此凋谢了人生。

《拖延心理学》里有这样一句话：拖延就像蒲公英，你把它拔掉，以为它不会再长出来了，但实际上它的根埋藏得很深，比野草的生命都顽强。

姚鑫坐在办公桌前，明天就要交上去一份工作报告，他要为此快马加鞭。这时，微博弹出来一条消息。姚旭很自然地打开微博读了起来，一条、两条、三条……一个多小时过去了，他意识到不能再这样耗费时间，否则明天就交不上工作了。

于是他关了微博，而此时高中同学的群里弹出一条又一条的消息，张燕下周末办婚礼，大家都在群里发红包祝福她。

张燕是谁，姚鑫想了许久，也没拾起那段回忆。大概就是一个普通的同学，和自己没有什么交集。

从同学群抽身出来，姚鑫又开始翻朋友圈，这是他每天必做的“功课”，像一日三餐一样不能落下，时常还得加个“下午茶”和“夜宵”。

姚鑫说，这是精神食粮，不能舍掉。

当手机显示电量不足20%的时候，姚鑫才意犹未尽地放下手机，此时他瞥了一眼时间，距离之前准备写报告的时候，已经过去了三个半小时，而报告还停留在开头写的一行半。

智能时代，手机俨然成为我们的生活必需品，若是早上出门没带手机，估计一整天你都不自在。你也不是非常担心联系不上谁，更多的是一种依赖，再真实点描述就是，你害怕你想要拖延某件事时，没用用来消磨时间的工具。

明明除了报告，还有很多事情没有去做，可姚鑫强迫自己忘掉它们。什么摊开的文件、洗衣机里的脏衣服、凌乱的衣柜、紧急的电话、迫切的会议、重要的邮件……统统都让它们见鬼去吧！他吮着手指，呆呆地看着前方，眼中没有聚焦。他在心里默默地告诉自己：再等等，再等一会儿就开始做吧！

其实，姚鑫每天都很焦虑，别看他认认真真地刷抖音，时不时地跟着里面的段子哈哈笑上一会儿，可心里还是惦记着没有做的那些重要且紧急的事情。

结果一天下来，工作非但没有完成，娱乐也带着忐忑不安的情绪。拖延，正悄无声息地夺走姚鑫的青葱时光，然后将他置身于无限的焦灼中，让他错过每一个成长的重要转折点，失去机会，错过伯乐。

嗨，拖延君，你为什么要“拖延”？

当我们无数次发问时，其实我们内心深处已经有了答案，只是不愿意去面对，又或者说不愿意走进残酷的现实中。

是的，拖延是一种错误的行为，在它身后，紧紧跟随着矛盾的心理。我们甚至不惜一切代价，把拖延牢底坐穿的根本原因就是“完美”和“厌恶”。

我们先来说说“完美”，每一个拖延的人都是某件事情上的完美主义者，他希望在这件事情的处理上做得天衣无缝，与此同时给自己莫大的压力，继而担心失败。为了不失败，他迟迟不肯行动。所以完美主义者为人处世时，将拖延作为一种心理慰藉。他会有意识地选择逃避任务，用玩游戏或看APP的方式分散自己在逃避事件上的注意力，自我感觉良好地度过一个上午，接着是一个下午，然后这一天就过去了。

逃避恐惧的另一种选择，是对个体本身的厌恶。因为不喜欢，所以不选择。要是必须要选择的时候，他就用各种理由搪塞和推托。

拖延是隐藏在身体内的一种本性，实际上我们对拖延的对象也是有选择的——吃货对美食，从来都不会拒绝；粉丝在面对偶像的时候，任何时候的追剧都变得理所应当；面对心仪的姑娘，你也会在她身上花大把的时间和金钱。

可是，学习、努力、奋斗、坚强等词，让可能存在挑战的任务摆在一个人眼前，他大脑神经中的某个部位，大概就会发出警告，然后行动力放缓，给自己充足的借口——待会儿再说吧，来得及。

治疗拖延症的道路，任重而道远。当你想出一万个借口去拖延的时候，请把你决定中的“等一会儿”换成“坚持一会儿”，也许拖延症就从你的世界里滚出去了。

2. 消失吧！罪恶的完美主义

拖延被誉为完美的终结。完美主义者们深知，达到自己残酷的高标准需要付出意想不到的勇气和努力，于是，拖延者们在行动前就有了放弃一切开始的计划——从一开始就不尝试。这种障碍是拖延者自己设置的，他们不愿意承担挑战的风险，更没有勇气面对挑战后失败的结果，根深蒂固于内心深处的不自信，正在愈演愈烈地侵蚀着原本优秀的人。

也不是所有完美主义者都选择不开始，但完美主义者的通病还是严重缺乏自信，特别担心别人认为自己没有能力，宁愿让大家看到的是自己不幸，未能收获更多的机遇，于是，便有了拖延行为，最终病入膏肓，发展成拖延症。事情本身不复杂，拖延作祟，自我怀疑使然，简单的事情就被推上了更加困难的境地。完美主义的拖延者，把全部精力花在打造“完美”上，忽略了其他更重要的方面，比如行动力，一个恶性循环就此开始。

张洋去年夏天就计划要学习游泳的，有了计划，她就在微信平台上开始搜索有关游泳的装备，在各大贴吧、微博上看攻略，挑选更适合自己的装备。张洋觉得自己已经具备相当专业的挑选技能，开始在天猫、淘宝、京东等购物平台大展身手。

下班回到家，张洋把衣服、包包往沙发上一丢，捧着手机趴在床上开始搜索，看评论、看销量，然后添加购物车。几个晚上的时间，张洋从搜索，放入购物车，再到给购物车里的商品做减法，她总结这次网购很充实，也很有意义。

泳衣、泳镜、泳圈等装备一应俱全。接着，张洋在视频网站上下载了许多游泳的教学视频，自己在床上模仿学习了好几天。感觉差不多可以下水了时，张洋来到家附近的游泳馆咨询成人游泳班的一些事情，比如游泳课上教练会教几种泳姿，班级的规模是什么样的，教练是男的还是女的，懂不懂得怜香惜玉，游泳池的水质是否达标……

她从距离住处最近的一家游泳馆开始进行咨询，然后是临近的，再是远一些但交通和路况比较好的。当张洋觉得咨询得差不多的时候，天气渐冷，秋天来了。

做了整整一个夏天的准备，张洋学习游泳这件事儿却没有更多的进展了。张洋认为，秋天游泳池的水温不适合游泳，可惜了那些装备，一次水没有下过。随着时间的推移，那些精挑细选却没有派上用场的游泳装备，以及张洋想要学习游泳的一腔热忱，一并被她推进了衣橱的最里面。

是的，现在的张洋依然不会游泳，又或者说，她一次水也没有下过。

列宁有一句名言：要学会游泳，必须下水！

张洋如此想要学习游泳，却最终消磨掉了自己的热情和时间，她平时做选择很少纠结，为何对于自己最想做的这件事举步维艰，迟迟不愿开始呢？大概就是完美主义在作祟，因为完美主义，导致了拖延的行为。

很多年轻人喜欢朱德庸的漫画，它的作品不仅幽默，还能引人深思。朱德庸就曾经感慨：“大家都有病！”当然，朱德庸可不是在骂人，而是在用他的声音反映社会现状。

在这个互联网爆棚的年代，只要你打开网站、APP、视频、微博……所有你能看到的文字和视频，其中都有声音向你诉说着拖延的难耐。

那些不断拖延着、始终没能交上毕业论文的学子们；那些挣扎于快节奏的竞争中，却始终将手中的报告一拖再拖的上班族们；还有依然未能逃掉被编辑催稿的笔者们……他们都感受到了拖延症带给他们的消极影响。

拖延症，从字面上就知道，它是一种“症”，不过“拖延症”这种症，在精神疾病的诊断手册（国内的、国际的均是）上并没有找到它的存在，可见，这种所谓的“症”并非大家认为的那种危言耸听、治愈不了的绝症。

既然并不是绝症，为何让如此之多的人仍然感到焦灼、不安?拖延，确实给相当多的人造成了不同程度的困扰。

一类事情的拖延，在不同人的身上表现出的行为和心理，也有所不同。究其根本，就是罪恶的“完美主义”。

大三那年，是郑悦最焦灼的时光，他曾以为自己熬不过大四，毕业就得挂掉，是生命终结的那种挂掉。

郑悦是那种奶油小生，平时生活挺小资的，但绝不是崇尚奢侈生活和挥霍金钱的那种人。大概一直处于风口浪尖和备受瞩目的镁光灯下，郑悦属于很表象的那种完美主义者。凡事他都不会匆匆忙忙开始，为了更好享受过程和获得更好的结果，他通常都要在准备期间做足功课，等到万事俱备才真正开始做事。

比如，老师让郑悦交一个课题报告，他就会去图书馆找很多的资料，然后全都捧回宿舍，熬上几个通宵，每份资料都要认真阅读。按常理说，这样的准备已经非常充分了，接下来的动笔过程应该更加游刃有余才是，可郑悦就是迟迟无法动第一笔。

等到交稿的时间就在明天时，郑悦真正可以利用的时间所剩无几，他就特别焦虑，压力山大。最后为了在规定的时间内交稿子，不得不立刻动笔，在紧要的时间里写出来的文字也都是无法登上大雅之堂的。写完的稿子，他自己都不愿意看。

郑悦的同龄人中，有很多和他有类似的拖延病症。期末考试就要到了，一些同学自怨自艾："啥也不会，考试了可怎么办啊？"可他们也不肯花上一分钟看看老师给出的考试重点内容。自以为很认真地备考，早上醒来的第一件事就是把今天的24小时中的20小时安排学习各种科目，细化到看什么科的书，看几页，做哪个复习题，做多少道。可当真的把书拿起来的时候，没看几页就去打游戏、看电影……他们就这样用更多的与学习无关的事情亲手毁掉之前做的计划。

其实，拖延的人也很生气，生自己的气，埋怨自己为什么就这么能拖。其实拖到最后，是你的功课不还得你去做吗？然后在自我反省与生闷气中，更严重的问题出现了——破罐子破摔。反正都玩游戏了，那么玩一分钟也是玩儿，玩一天也是玩儿，那就继续玩儿吧，什么事都等到明天再说！

我想这样的事情一定引起了很多读者的共鸣，特别是那些从小就崇尚"完美主义"的人。回想起来，因为一道应用题中的一个标点不好看，有了涂抹的痕迹，就觉得不完美，然后重写，一遍又一遍，写到深夜两点，自己都觉得对自己太狠了。

《拖延心理学》这本书中有段文字这样写道：“固定心态认为智力和才能是与生俱来的，是固定不变的。成功不过就是要证明你的能力，证明你是聪明的、有才干的。并且，在生活中面对每一个挑战的时候，你必须一再地证实这一点。如果你具有固定心态，就容不得任何情况的任何错误，因为错误是失败的证据，错误说明了你其实根本不聪明，也没有才干。假如你聪明又有才干，不管什么事情，你就没有必要为此而努力；需要努力是自己不够聪明和没有才干的证据。同时，你的每一次表现都被看成是对你能力的一次定论性衡量，失败令你感到危险；失败永远地决定了你这个人。”

不是所有的完美追求都是罪恶的，也不是所有的完美主义者都有拖延症。可是罪恶并不会甄别出什么样的拖延是善、什么样的拖延是恶。唯一能分清楚的只有我们自己，能够治愈拖延症的，也从来不是华佗再世。让它离开的力量，就在你的心里。

3.拖延势必会带来的阴影，你是否有过？

于畅从南方小城的大学毕业后，被家人安排到美国读研究生，学习算不上最强的于畅，此行得到了家族人的鼎力支持。

于畅24岁那年，是她在美国读研究生的第三个年头，她即将开始人生中的第一份正式工作。研三的最后几个月基本上没课，最重要的任务就是写论文和参加实习，然后找一个满意的工作。这段时间，于畅不仅要接待国内来访的友人，还要办理各种毕业和就业的手续，可是她还是为自己安排了一个相当完美的毕业旅行。这些事情每一件单办起来都不难，赶在一起却也不那么简单。不过，这对于自律的人而言，还是可以应对的。

美国的学生，不管遇到什么样的困难，基本上都是自己忙自己的，你的困难只有你自己才能解决，这一点和中国的教育理念不同。中国幼儿园的孩子或者小学生，多少作业都是学校留给家长的？没有家长的帮助，一个年仅几岁的孩童能够独立完成科技作品，还必须含开关和正负极、串并联关系的物理实验作品？

忙碌的时间总是过得很快，别人不知道你忙的是哪些事，他人所做的事情你也无从知晓。

这个过程里，于畅在事情堆积如山的时候，选择了逃避一些事，再拖延一些事。可是，事情会因此而变得简单吗？不会！

乘早班机抵达的发小，特意从中国飞过来参加于畅的毕业舞会，于畅却因为手头上拖延了三周没有完成的一份几千字的小论文，错过了接机时间；埃利斯小姐让她交上去的调研报告，她也拖了一个多月，拖到调研的主要内容和客户的真实反馈她都记不清的时候，也没有写。

于是于畅警告自己：你已经病入膏肓了，必须从现在开始纠正。

好的一面是，于畅的拖延症并不严重，生活习惯比较好，无酗酒、吸烟等不良嗜好，正能量爆棚，期待过上充实而有意义的生活，并愿意为之努力。

外人大多看不出来于畅有做事拖延的问题，因为她做任何事情，包括那些她不感兴趣的事，也都不是一点儿也不付出努力，更谈不上在起跑线上原地踏步。她各方面的成绩比上不足，比下却也算是不错的。可是于畅自己心里明白，那些所谓的过关的功课，大多是自己勉强通过的，经不住仔细推敲。

像于畅这样的人，怕也是拖延队伍中最难治愈的一类人了。比如于畅，要不是有自知之明，认为自己是属于拖延者一类的，谁能承认正在努力向前的她，会是一个拖延成习惯的人呢？更可怕的是，这种类型的拖延症很难被发现，甚至发现了人们也会忽略不计。

佳宇在瑞典读书的时候，曾经做的一份兼职就是给国内的一家出版社做中文翻译，这听起来是挺励志的故事，可佳宇翻译书稿的速度极慢。因为是兼职，还是两个过渡期，每每出版社催稿，佳宇总能找得出一箩筐的理由来拖延。其实佳宇的文笔不错，即使不翻译别人的作品，自己去写作，也是一个能够轻松驾驭文字的精灵。

佳宇是个心思细腻的姑娘，有很多经历和感受，喜欢揣摩与思考，并能个性化地表达自己的想法。可是不知怎的，她想得再好，落在纸面上就变了样儿。把好的想法写出来，对佳宇来说简直太难了。

一天，一个同事出去客串了一下记者，回来后，编辑部的领导让佳宇把同事写好的采访稿整理出来。其实这是一件再简单不过的事情，佳宇也不是不能胜任，结果却是她一拖再拖。

同事问起佳宇拖延的事情，佳宇给同事讲了一段小时候发生在自己身上的一件事。那时候她在国内读小学，她是班级的语文课代表，作文写得很好，基本上每次写的作文都会被老师拿来做范文分享。有一次，小姨带她去北京游玩，还参观了天安门。回来后，妈妈让她把参观天安门的事写成一篇作文。佳宇写完作文的那天下午，准备预习下学期的新课文，恰巧看到一篇课文的题目就叫《天安门广场》。佳宇觉得这篇课文比自己写得好多了。然后就悄悄地把自己写的《游天安门》收了起来。

可不知怎的，佳宇在交暑假作业的时候，不小心把这篇作文当成了暑假作业一并交给了老师。老师批阅后，觉得文章不连贯，大家也都认为佳宇写得不好。同学开始觉得佳宇不是因为暑假作业就糊弄，而是因为她本身的写作水平就一般，之前的优秀作文或许是抄袭的。

自此以后，佳宇的心里就有了阴影，不管她多么想努力地做事，总有个消极的自己不停在说：别挣扎了，无论你写什么，都是别人写过的；无论你写得多好，和别人的一对比就是垃圾！

有了这样的想法，写作在佳宇的概念里就失去了意义，每写一个字，她都觉得是在浪费时间。所以，即便她的文字功底很好，可缺乏操作本能，只能翻译别人写的文章，真正轮到自己去写的时候，哪怕是修改一篇简单的采访稿，对她来说也是困难重重。仿佛只有拖延，才能解决她内心的不安。

很多年过去了，佳宇的心理阴影依然挥之不去，她知道，拖延真的很可怕，她也一直在想办法摆脱当初的阴影，治愈自己的拖延症。

4. 如何从潜意识里开始摆脱拖延?

刘诗诗在《仙剑奇侠传3》里所饰演的“龙葵”，着一袭蓝衣温婉出镜，但当心中最重要的亲人遇到危险或者是龙葵认为其危险时，就会一改蓝色的清纯形象，变成另一个穿红衣的魔鬼般的龙葵。宋茜和黄晓明一起出演的《上古情歌》中，宋茜饰演的宣阳王姬宣阳婼，在经历了被亲人利用、爱人不相信自己、朋友对自己不义之后，心里也住入了一个黑暗的自己，后来每当与令其发指之人四目相对时，黑暗的宣阳婼就会跳出来击败善良的宣阳婼内心的不忍和纯真。

现实生活中的我们，也会在一定的环境下或者某些特定的事件发生时，由于受到与以往截然不同的认知冲击，让自己不再只是原来的自我。之所以别人认识的你还是你，完全是因为你的另一个自己，通常都是在被外力撞击心灵的时候，另一个你才会出来替原来的你“出头”，为的是尽可能地保护自己不再受到伤害。

其实，一个人很难永远不受外界不良因素的干扰，不可能永远处于积极的情绪中。生活给予我们成功、奋斗、努力等积极因素的同时，也会带给我们消极影响。

你所认为的不可救药的拖延症，又何尝不是为了保护自己内心的小骄傲，而由内而外迸发出的一种自我保护?

亲爱的，请别因此而自暴自弃，拖延有憾，但它的另一端便是积极。战胜拖延，你只需要相信那个积极的自己，那个充满正能量的自己就会救你出苦海。

你要知道你不是唯一的拖延症患者。几乎所有人都曾有过拖延行为，甚至不乏我们认为功不可没的时代英雄。所谓的心理成熟的人，或者说成功的人士，并不是他们从未有过消极心理和负面情绪，而是他们懂得调控自己的情绪。

你会发现，那些你敬畏的领导，从来都不会在大庭广众之下歇斯底里；那些学富五车的文学泰斗，绝不会在遇到攻击和威胁的时候，以其人之道还治其人之身；那些你心中自始未变的偶像，也是因为从未触碰过你心中对美的认知的底线……

那么，为什么你的偶像不是自己，你未曾在备受瞩目的镁光灯下接受鲜花和掌声，未曾在某一个集体中脱颖而出？对此，你的答案可能是自己不够成功，不够努力，不够有资本，甚至不够自信，永远都将事情拖到最后不得不做时再去行动。

可是，你有没有想过，决定你过着平淡的生活还是号令天下的生活，并不是你有多努力地活着，或有多么令人羡慕的资本。

很多时候，你的习惯决定了你的性格，而你的性格决定了你的发展，也决定着你的人生命运。

遇到困难的时候，你是擦干眼泪继续昂首前行，还是坐在跌倒的地方沮丧人生？因为一些难以言表的原因，朋友远去，亲人不在，从此孤独的你，会相信命运弄人，还是坚持人定胜天？

过去的事情，无论好的还是坏的，都已经过去了，但未来的时间全都是你的，怎样面对、怎样选择，就变得更加弥足珍贵。

其实，人生从来都不会看不起失败和眼泪，也认可任何人的不够完美，因为这才是真的人生。心理学研究表明：哭泣有一种“治疗”的功能，人在痛哭一场后，往往心情就变得好很多，接下来，无论要思考事情还是要付诸行动，都变得轻松和积极。所以，你大可不必为哭泣而害羞，纵然男儿有泪不轻弹，勇者流血不流泪，你却依然有更多的宣泄方式去释放自己，而不是选择用拖延进行所谓的自我保护。

拖延症，通常被大家认为是一种抵御低落情绪的筹码。人们常常选择逃避自认为困难的任务，从而通过表达出的负面情绪来作为掩饰。拖延最容易被理解为一种以情绪为中心的应对策略，它的本质就是消极的人生态度。

萧炎和老K从大学毕业后就在两个城市各自打拼，他们从年少相识到步入社会的十几年里，一直未曾断了联系。

那个曾经睡在我上铺的兄弟可能很难再一起朝夕相处，自从他们卷入社会旋涡的那一刻起，学生时代可能就成了美好的回忆。但不得不说，喧嚣的世界里，能有远方的一份牵挂，未尝不是人生的一大幸事。

萧炎回忆着和老K的点点滴滴，老K的电话就打了过来。大概是特别不想虚度青春，有几年，萧炎和老K走过了国内不少城市。再后来，他们一起计划出国旅游。

出国旅行这件事儿，一直都是老K比较上心，萧炎总给自己的计划使绊，不断告诉自己工作最重要，工作忙时不要指望公司给你时间和精力去游山玩水。

老K在电话里问萧炎："出国旅行的假期审批了吗？签证办妥了吗？旅行的攻略做了哪些？"面对老K的问题，萧炎只觉得整个人都要爆炸了。他是想出去散散心的，但总是缺乏最终的行动力，于是找借口对老K说："还没有来得及准备呢，每天都有很多工作，要忙到很晚，咱们的旅行，你做计划和攻略就好，我把身份证放你那儿，你一起把手续都办妥吧！"

老K一一照做，三天未到，老K几乎搞定了所有问题。终于迎来了期盼已久的旅行，可萧炎怎么也提不起兴致。老K见状问道："是不是工作上还有没完成的任务？”

“有是有，但已经交接给同事，让同事帮忙做好了。”

“那是家里有什么事没有处理？”

“你又不是不知道，咱们俩都是一个人吃饱全家不饿的主儿，哪有家里的牵绊。”

“那你为什么没有精神？难道你没有发现，我们的旅行受益最大的就是你自己吗？可是我总觉得你的状态不佳，心态不够阳光，行动力不够强，这是为什么呢？”

……

面对老K机枪式的提问，萧炎一时之间竟无言以对。在老K赤裸裸地揭开他想要保护自己的面具，将他消极的心态暴露眼前的时候，萧炎有些无地自容。他这种态度已经影响到工作和生活了。

仔细想想近两年，出去玩是老K提方案、做攻略，自己把所有事都推给老K了；工作上出现问题，自己也总是往后躲闪，好像谁站在前面谁就活该被领导的“机枪”扫射一样。情感上也是，萧炎甚至没有主动追求过任何女孩，只是象征性地参加了同事介绍的几次相亲会，最后也都不了了之。

旅行回来，萧炎决定给自己改头换面，他不能再坐以待毙了，绝不可以再在努力的路上给自己使绊了。经过几年的奋斗，萧炎和老K成功在各自奋斗的城市买了房、购了车，还娶妻生子了。

这和很多奋斗者的故事都类似，但我们从来都只关注他们成功的因素，而忽略了曾经让他们举步维艰的事情会不会有一天也走进我们的生活，因此，我们需要提早做准备。

其实，很多你所膜拜的智者，也会受到消极因素的困扰。之所以他们可以成功，就是因为他们知道在什么时候做什么、怎么做。

每一个人的生命中，都至少住着两个自己，困难面前积极的自己和消极的自己；奋斗面前显性的和隐性的自己。哪怕是对某件事的认知中，你的意识也会先后在大脑中呈现两个图层信息，这就是显意识和潜意识。

比如在看一档综艺节目的时候，你会有所触动或大笑，是否已经感同身受？你欣然大笑之时，一定是被那样的快乐所感染；而当你因为别人的哭诉而泪目，那当时的你一定非常完美地实现了换位思考。

人类与动物的一个重要区别就是，人更善于思考和判断。在这个优势之下，人们通常会为了维护自身的利益，在采取行为之前根据自我认为合理的理论，对事情的操作方式和结果进行判断，这种判断就是我们刚刚提到的“显意识”，也就是一个人内心中的一个自己。

除了显意识之外，我们还有更为重要的“潜意识”，也就是每个人心中隐藏着的那个自己。通过潜意识做出的决定更为理想，判断也就更为精准。

当我们与某个人初次见面时，大脑中会产生一种直觉，例如“不知为什么，我很喜欢他”。这个判断好像不是自己做出来的，而是感觉有人在身边轻轻耳语一样，这很有可能就是受到了自己潜意识影响的结果。

据说，显意识的作用还不及潜意识的十分之一。而且，潜意识会优先于显意识发挥作用。很多情况下，都是由潜意识做出判断的，而这个过程我们根本觉察不到。

有时，我们的显意识想“再积极一点儿、大胆一点儿”，但最后总是不自觉地做出否定的、消极的判断。这很可能就是由于“我不行”这个固有观念沉睡在我们的潜意识当中造成的。所以，我们有必要对自己的潜意识有所了解，然后让潜意识和显意识和谐共处，共同为我们的成长出力。

只有你真的为自己的成长出力，去执行，才能成功。如果只是拖延不做，那么你永远也不会前进。

第五章
完成比完美更重要

很多时候，我们都会想要把事情做得更漂亮，可是在制订计划或执行过程中发现了偏差，就不愿意继续推进，有意无意地开始拖延。总是想要做到完美，总是没有完成，但其实，完成比完美更重要。

1.结果重要，还是努力的过程重要？

李颖把项目总结连同想法开发过程中出现的问题、问题的解决方案，以及辅助项目完成的Plan A、Plan B、Plan C……都交给领导的时候，领导特别没有风度地把它们全都扔在了地上，然后不容分说地呵斥李颖："我要的是结果，你再努力，结果没达成，那就是错的！"

拾起地上的方案，李颖走出了经理办公室，五分钟后，将一份辞呈放在了经理办公桌上，然后李颖头也不回地离开了公司。

是的，李颖把工作给炒了。

晚上，李颖和闺密一起喝酒，诉说着自己几年来饱受的非人折磨："这是什么破公司，成天强调结果，结果那么重要，你自己做啊，还用我们这些你看不惯、信不过的人干什么？"

闺密不知如何安慰李颖，给她讲了一个自己听到的事。

这件事的主人翁是锤子的创始人罗永浩和他的公司，在企业内刊中有一篇《追求完美重要，还是按时完成重要？》的长篇文章，文章内提到了罗永浩的反思。

罗永浩在做锤子公司的时候，有些过分地追求完美，导致产品在上市的时候比竞争对手迟了整整半年的时间。半年是什么概念?半年可以使一个新兴的创业公司从诞生走向灭亡。

对此，河南洛阳电视台记者李翔做出评论：“如果以事后诸葛亮的态度来看，罗永浩犯的这些错误都是可以避免的。但回到当时的语境里，顶着‘天生骄傲’的标签，罗永浩的确很难平衡个人的直觉、品位与他人的经验之间的矛盾，还有追求完美产品和按时发布产品之间的矛盾。对于后者，我的态度是，永远要设定最后期限。”

听了闺密的分享，李颖冷静下来。比较关注新媒体的李颖深知在互联网产品的领域，一直有句话挺接地气的——完成比完美更重要!

李颖上学的时候，戴着1000度高度近视眼镜的张老师就强调了三年“十年磨一剑”，这样的逆耳忠言在李颖的价值观里是不认同的。李颖认为，那种磨了十年的剑，早就变成废铁了。

在工作中，细节真的很重要。

罗军是新媒体公司里鲜有的男生，平日里一直备受女生们的关照。罗军并没有因此而炫耀，反而在工作上更加追求完美，以证实自己的优秀与性别和偏爱无关。

他越是追求完美，在工作中越是容易烦躁。这一天，罗军给一篇微信公众号的文章做好排版，因为自认为其中的字体不够完美，罗军开始调整整个版面的格式；调整了整个版面的格式，就会出现一些标题两行并行的情况，这就影响了画面感，所以要继续调整。

就这样，两个小时的时间过去了，一个简单的排版，竟然用时比写文章都多。最重要的是，罗军依然不满意最后的排版，然后他就继续排版，再排版……

最佳推送文章的时间，在罗军不停修改中丝毫不留情面地错过了。最后领导发话，必须推送，罗军这才不情愿地发送。

这样的经历在罗军的身上屡见不鲜。生活中、工作上，他咬紧牙关一定要追求完美，他对自己的要求特别狠，对，完全可以用“狠”来形容。罗军要求自己经手的事情，从细节开始就必须万无一失，这样的苛刻要求，直接造成了他解决和处理事情的拖延性，并且不知不觉中养成了习惯。

每件事开始之前，罗军总要尽可能地准备充分一些，这种充分在常人看来是非常苛刻的，过分到时间已经所剩无几，他的准备工作还没做完。那么，又能留给完成任务多少时间呢？很多不满意的结果是预料之中的，因为在准备的时候就耗尽了几乎所有预算的时间，那最终的结果一定不尽如人意。即使加班加点，在那么短的时间又怎么交得出满意答卷。

罗军的直属领导就是公司的副总，比罗军整整大了17岁。这多出来的17年可不是徒劳的，罗军的这位领导想当年也是行业里叱咤风云的人物，理论和实践的功底相当深厚，做人有原则，做事有章法。

这天，罗军去拜访客户，领导要求同行，罗军有些忐忑，担心因为领导在场，自己谈起项目来会缩手缩脚。没想到整个谈判的过程，领导一个字也没有说，完全是听着罗军在阐述，要不是最后互换名片，对方都以为领导是罗军带来的助手。

谈判很顺利，罗军回来就着手做方案。领导对罗军是很了解的，他一直在和罗军强调一件事——一定要把方案做出来，把呈现于汇报的内容表述清楚，要让你的客户看见实实在在的东西，而不是大体上的框架，更不应该是一些建设性的意见。你要知道，你的客户最不缺少的就是有想法的服务对象。

罗军将领导的话仔细品味一番，有所领悟：领导这次和我同行是有目的的，是要借此机会指点我，还尽可能做到不伤害我的自尊心。

领导的提示不是没有道理的，以往罗军接到重要的工作任务，总是担心自己做不好，让领导失望，让同事看笑话。就拿做市场调研回来写报告这件事来说，领导给罗军一周的时间，结果三天过去了，他硬是一笔也没动。也不是没有准备，反而准备得特别充分，整理出来的提纲都有两万字了，就是没办法下笔写第一个字。

罗军有很严重的自我焦虑，他总是担心自己写出来的不是方案，是垃圾。为了不变成笑话，他就成了拖延君。

很多时候，我们都有这样的焦虑，因为想要把事情做得更漂亮，会耗时更久来进行头脑风暴，征求各部门不相干人的意见，甚至通宵思考和准备资料……最终却发现，我们要推进的任务至此还没有任何开始的迹象。为了扭转当下的局面，你可能认为最好的方式，就是放下当初美好的设想，通过完成别的事情来弥补此事中所受到的挫败感。

正如那句话说的一样，用别人的错误给自己买单。

其实，我们心里都清楚，完成一件事获得较好的结果，本就比完美来得真实、可靠。

2. 内心是否太想要博得所有人的认可？

有些人对自己要求极高，事情必须做到完美才能罢休，可什么才是完美呢？

对于完美的定义，我们找不到标准的答案，是因为这是一个伪命题。正如，你做得再好，也很难让所有人满意一样。

丹丹喜欢画画，从小就喜欢，参加艺考的那年，她的专业课成绩名列前茅。很多和她一起学画画的同学，在步入工作岗位或过上掺杂了柴米油盐的生活后，放下了昔日最爱的绘画。而只有丹丹还在坚持，她是诗，绘画是她的远方。

打磨了几年后，丹丹成了圈子里小有名气的画家，很多人看了她的绘画作品，有的人会慕名前来观摩，然后定制其他的画作。丹丹很享受这样美好的生活，画着喜欢的画，还能以此谋生。一段时间后，丹丹突然问自己：自己觉得好看的画，买家也觉得不错，但是不是所有人都觉得不错呢？

有了这个想法之后，丹丹就行动起来，她把一幅自己很满意的作品放在一条车水马龙的广场小路上，旁边还附着一则说明：请君留步看一看，动动手臂画一画，哪里不行画哪里，留下意见不虚行。

傍晚，丹丹来到这条已经不像白天那般热闹的街道，她看到画作上标注了满满的意见，大家纷纷指责画中这部分不妥，那部分应该调整。一幅好好的画作在一天的时间内，被大家画得面目全非。

难道我的画真的这么糟糕，没有一处是可取的吗？

想了一个晚上，第二天，丹丹又拿出一模一样的画作，还是放在这个热闹的街道，只是这一次，丹丹的备注：请求大家把自己认为理想的一处标记出来。

傍晚过后，丹丹再来取画，发现上面几乎每一处都有标记，而且是不同的人找出来的他们所认为的最优秀的一笔。

丹丹终于彻悟：不管做什么事，只要一部分有需求的人觉得好，那便就是好。我们永远不可能让所有人满意，更不可能让那些不感兴趣的人同你一样热衷于创作。所谓和对的人说对的话，才是有意义的事。

丹丹的那些同伴，大多生活中会被不解之人误会，甚至被人混淆是非，而自主放弃了理想。因为有人不喜欢，有人说画得不好，然后他们就彻底封锁了绘画的前进之路。他们却忽略了，在一些人眼中看来的丑，在另一些人眼中却是完美无缺的。

海燕从IT界走出来后，转行做起了淘宝卖家，销售的主品是蜂蜜、蜂巢、花酿等大众的不太会被历史淘汰的产品。为了给自己的小店增加人气，海燕给每份售出去的商品都附赠了小礼物。其实，淘宝的利润并不大，海燕刚刚开始创业，剩在手里的钱就更不多了，所以赠送的礼物也就是一份心意。

人多的地方就是非多，即使是免费的礼物，还是有很多买家在评论中嫌弃，如："礼物太小了，配不上商品的档次""这么小的东西也拿出来当礼物？好意思吗""要是不舍得送，那就干脆别送"……

人啊，总是有各种不满足，即使你是好心，即使你倾尽全力，依然还是不能让所有人满意。如果一定要绞尽脑汁去设想，当你预计结果得不到所有人满意，就先拖着不做，估计世界也就静止在这一刻了。

有一位老父亲带着年幼的小儿子去市场卖驴，赶着即将要卖掉的小驴，父子俩走到了一个村口，很多人聚在这里说三道四。其中一个人带着嘲讽的意味和身边的人调侃着："你们见过这种人吗？放着驴不骑，自己跟着驴一起走路，这是傻子啊！纯粹的傻子一家！"

父亲听到了他的话，心里很不是滋味，本来和他们是没有任何关系的事情，为什么他们看不惯呢？虽然心里有埋怨，但老父亲还是让小儿子骑在了驴背上。

他们又走了一段路，到了另外一个村口。他们听到几个上了年纪的老妇人在争吵什么，走近了才听清楚其中一位老妇人说话：“你们瞧瞧，都好好瞧瞧，还不承认我说的话，现在的社会，哪有什么尊敬老人的行为，全剩下爱护幼小孩童的行为了。瞧瞧远处走来的那对父子，儿子坐在驴背上优哉游哉，老爹那么大岁数了，还得自己走路，牵着驴。”

“喂，那个小孩子，你还不下来让你老父亲坐在驴背上好好歇歇？你这么小，多走点儿路不吃亏！”

听着老妇人们七嘴八舌的话，父亲把小儿子抱下来，自己骑在了驴背上。

又走了一段路，到了第三个小村庄。一群妇女在河边洗衣服，看到一路连跑带颠的小孩子，和驴背上悠然自得的父亲，开始埋怨：

“你看看那个孩子多可怜，自己还没有驴背高呢，就得跟着驴的步伐一步一跌地往前跑。”

“就是，看看驴背上的那个男人，是孩子的父亲吧，你们说说多不要脸，让孩子在地上跑，他自己坐在驴背上。”

“喂，小男孩，那个男人是你亲爹吗？”

“一定不是，哪有亲爹这样对待自己孩子的？”

“就是就是，搞不好是人贩子，咱们要不要报警？”

……

父亲听得更加无地自容、不知所措了。索性把儿子抱上来，两人一起骑驴赶路。

再往前走，路过一座教堂，教堂的牧师正在草坪上做礼拜。看见父子俩骑着驴走过来，停下了自己手里的工作，叫住了父子俩：“喂，喂，停下来！这么小的一头驴，怎么能经得起你们两个人的重量！驴啊，你太可怜了！他们是要带你去哪里呢？”

驴是自然不会回答牧师的问话，父亲礼貌地把问题接过来，回答牧师说：“我们要去市场卖驴。”

“什么，你们去卖驴？就你们这样的作为，没到市场呢，驴怕是已经累死在半路上！”

听了牧师的话，父亲觉得也有道理，于是和儿子都下来，然后一把扛起驴，奔着市场的方向走去。

到达市场之前，要经过一座小桥，桥上的人本是急急忙忙赶路的，此时也都停下了脚步，观看眼前的奇特画面——一个大人扛着一头驴在前面走，一个小孩跟在后面，还时不时地拿扇子给驴扇风。大家都在笑这父子俩，吵闹声掺杂着各种奇怪的表情，不断冲击着父子俩和那头不知何种身份的驴。

终于，在走过独木小桥的时候，驴怒了，一个翻身，父亲、儿子和驴通通掉进河里。

不同的人站在不同的立场，会有不同的看法。你若一定要按照别人的步调走自己的路，那么你很容易就会一失足成千古恨。因为无论你怎样做，你都不可能做到让所有的人都满意。

无论是谁，在处理什么事时，都应有自己的主见。如果你认为自己是对的，请坚持；如果认为自己不对，那么就把正确的做法找出来，走自己的路，让别人说去吧！

3.放下比拿起更需要力量

有时候，我们任性地以为：不做了总可以吧？

有时候，我们还骄傲地认为：拿不起，放下总可以了吧？

然而，当我们真正要放手的时候，心里的不舒服感油然而生。是的，放下也需要勇气，很多时候，放下比拿起来更需要力量。若力量不足，放也放不下，拿也拿不起，便就拖下去了。

读大学的时候，岳航是体育系的高才生，短跑、跨栏等都不在话下，为学校取得了不少青年锦标赛的名次，几乎全校的女孩都对他青睐有加。哲学系一个学姐算是众多女生中比较另类的一个，至少周围的圈子里，这个女生从未表露自己对岳航的青睐。

感情的事情说起来总是莫名其妙，越是不以为然，越是牵肠挂肚。岳航为了引起哲学系学姐的注意，开始去听理解不了的哲学课，就坐在学姐的前几排，特别积极地回答问题。就连去图书馆借书，他也专挑哲学题材的书看。

他偶然间看到，学姐在读一本名叫《禅与摩托车维修的艺术》的书。岳航就像发现新大陆一样，从书店买了一本回来，害怕宿舍的兄弟笑话，他就一个人在被窝里打着手电看。躺在床上，还看着容易犯困的书，如果能做到不睡着，清醒地看书，那一定是人才。可惜，岳航不是那样的人才。

这本书的开篇，岳航看了N遍，几乎每一次兴致勃勃翻开书，都是从第一部分开始看，然后没看两页就睡着了，下一次再从头看。所以书的开篇故事，岳航几乎能倒背如流，说的是一对夫妻去骑行，路上遇到一些烦琐的小事，比如车抛锚了，如何修车或者去哪儿修车等，但他们的解决方案没有达成一致，进而引起一系列的争吵。

岳航觉得这本书实在太无聊了，比这本书还无聊的是自己，居然为了一个八竿子打不着的人鬼使神差地逃专业课，去听哲学老师讲听不懂的课。想到这儿，岳航真想把那本书撕烂。

很多年过去，在一次旅行的时候，岳航去了寺庙，仿佛初恋般对这里的安静情有独钟。后来渐渐对打坐、冥想……有了兴趣和粗浅的研究，岳航对哲学也有了新的认识和想法。特别是经历过旅行后，书中所写的途中可能发生的问题他几乎全部经历了一遍，这让他开始对曾经嫌弃的那本书有了新的认知。

岳航重新翻找出来那本书，开始仔细阅读，原来读不进去的那些文字，此时此刻变得特别吸睛。骑行夫妇对人文信仰、科技、生命以及自然等诸多方面的探讨，已经完全颠覆了这本书的名字与存在。写书和做菜一样，文字与标点就是作料，是烹饪出美味佳肴的必要素材。

很多时候，我们所做的决定都受大脑支配，大脑下达什么样的指令，肢体就怎样操作。还有很多事情，今天你不感兴趣，不代表明天也不感兴趣，时间可以改变很多，也可以带走、带来很多。

就像岳航读的那本哲学类图书，大学的时候是因为要读而去读，多年以后是因为深有感触而回味一番，自然是后者更耐人寻味了。

试想一下，当初岳航若是坚持把书读完了，是否也能如现在这般理解与彻悟其中的奥妙？想必不会。能够放下当初的执念，岳航也是很有骨气的，若没有那次的毅然放下，也就很难有今天的拿起来。

失败不可怕，舍弃也不丢人，若你的能力不足以拿起它，却又不肯放下它，这样的纠结显然是毫无意义的，勇敢地放下，也是另一种承认失败的勇气。

如近代的胡雪岩，现代的褚时健，他们都是企业家团队中愈挫愈勇却始终敢于承担的楷模。胡雪岩本名胡光墉，字雪岩，是我国清代富可敌国的著名企业家。

起初，胡雪岩创办了胡庆余堂中药店，后期又扎根浙江为巡抚幕“效力”。巡抚幕算不上是一个官职，具体说它应该算作一个组织。这个组织专门负责为巡抚“出谋划策”，解决实质上的问题。组织的成员可以由当时的巡抚亲自任命，胡雪岩当时在巡抚幕的主要“职责”就是负责浙江的金融事业，即为清军筹运饷械，当时任命他的浙江巡抚是胡雪岩的挚交王有龄。

随后，1866年，胡雪岩开始辅佐左宗棠创办福州船政局，在左宗棠正式调任陕甘总督之后，上海采运局的局务之责便落在了胡雪岩的肩上。为了协助左宗棠重建军队，胡雪岩开始大举借债来对军饷和军火的“开销”做“按揭”；加之他有湘军作为坚强后盾，还在各省均设立了阜康银号，加起来足有二十多家，与此同时，胡雪岩还经营中药和茶的业务，操纵着整个江浙一带的商业，资金池超过2000万两白银。

按照清朝中晚期一两银子价值人民币150~220元计算的话，当时的胡雪岩可是坐拥44亿元人民币的超级亿万富豪。所以，当时的中国曾经流传这样的一句话：“为官须看《曾国藩》，为商必读《胡雪岩》”，赞誉的就是胡雪岩富可敌国的强大资本以及高深莫测的作为。

大家之所以如此崇拜胡雪岩，并不是因为他那2000万两白银的财富，而是他敢为人先的开拓精神，以及实现个人价值和社会价值的高超手段。

无独有偶，最受万科“掌门人”王石尊敬和崇拜的企业家、学者就只有褚时健一人。

20世纪80年代，褚时健领导的红塔集团是中国烟草行业的NO.1，累计为国家上缴利税1400亿。褚时健的战略眼光和强化资源的优势是至今为止的众多优秀企业家都无法超越的。他抓住烟草行业发展的机遇，使玉溪卷烟厂脱颖而出，成为中国烟草大王、云南省财政支柱。他的三个徒弟分别执掌着红河烟厂、曲靖烟厂、云南中烟集团。

可是后来他历经坎坷，虽然跌倒过，但从未放弃过。他回到了老家，并承包了2000亩荒山，自此开启了“褚橙时代”。2012年，褚时健借助互联网这辆“快车”做起了电商，以他当时84岁的高龄，应该算得上全中国乃至全世界最高年龄的电商了。

当时在昆明，满大街都是10元钱4公斤的橙子，而“褚橙”却是8元钱1公斤难求的“唯一”。甚至橙子从褚时健的果园里摘下来就被分配到了北上广深等地，连昆明人自己都难得一见“褚橙”的庐山真面目。

褚时健曾遭受过难以抵挡的“辉煌中跌倒”，但他又坚强地站了起来，并出色地实现了华美的蜕变，再一次创造了行业神话。

每一个人都曾经历过失败，但不是每一个人都能够在失败后再次站起来。褚时健这个最富有争议的人物，用行动准确无误地回答了人生的这道难题。

在胡雪岩、褚时健等众多优秀的企业家身上，我们看到了那种无所畏惧、百折不挠的坚忍倔强的性格。仔细品读他们的故事之后，你是不是还会有一种莫名的冲动，想要拥抱这个给予人类无限可能又惨不忍睹的世界?

就像“褚橙”的包装上写的那句广告语一样：“衡量一个人成功的标志，不是看他登到顶峰的高度，而是看他跌到谷底后的反弹力。”

取舍之间，纠结了就会拖延；有所决定，便是收获。然而很多人却既没有拿起也没有放下，单纯地耗着，既耽误了自己，也浪费了时间。褚时健和胡雪岩的成功，并不是因为他们最初就是强者，也不是说他们属于那种没有眼泪的人。相反，他们不仅拥有眼泪，更是含着眼泪在奔跑。对他们而言，“下一次”是未知的，停下来就会错过机会，唯有把握当下，行程才会继续，前途才能光明。对于明天而言，今天永远都是起跑线。

人生是一条没有终点的跑道，每一件事的成功都只是其中的一个阶段性的终点，此时此刻，终点亦是起点。无论当下你是成功或失败，前行或驻足，都将是下一个阶段的开始。现实会让你逐渐懂得纠结和拖延所带来的损失，远远超出失败带给你的重创。于是，无畏失败的人，携带着勇气从泥泞中迈出，拒绝拖延。因为，他们知道纠结不会得到任何结果。在这个世界上，到达每一个波峰前都要经历深谷，才会分立而起，形成世人看起来更为美好的表象。

一棵树需要经历多少风雨才能长成参天大树？世人眼中的成功者，又是多少次拔地而起后的腾飞？真正的辉煌，是有所行动的坚持！

第六章
别拖着，你需要主动出击！

“如果当时我不拖延，选择主动出击，那么今天就不会后悔！”也许事情很简单，只需要你主动出击，就已经成功了一大半，就能告别拖延症带来的焦虑。

1.心有多大，舞台就有多大

心有多大？这似乎是一个很难有准确答案的问题，因为它所指的不是心的外观大小，而是心所容纳的世界大小。世界有多大，我也不清楚，但我清楚的是世界很大，很多人都想去看一看。

这个世界上，很多人都曾有过自己的梦想。然而，随着时间的推移、生活的变迁、现实的残忍，这些美好的梦想被无情地束缚在狭小的办公桌前。

张艺的同事曾意味深长地问过张艺：“如果一辈子就处于一个工作环境，赚着比上不足、比下有余的薪水，每天上班、下班、吃饭、睡觉，你会变成什么模样？”

张艺当时不假思索地回答：“你这样说，我就这么一想，内心就充满恐惧，那样稳定的一生该多么可怕！”

当然，张艺补充说，这只是她此刻的想法，或许随着时间的推移，她也会向这样的环境妥协，或许这个世界上还是有很多人，渴望拥有这种稳定的工作和收入。

张艺毕业后的第一份工作，是在一家军区医院做护士，做了整整十年，也有满满的收获。给我们这些老百姓印象最深的，就是部队严苛的纪律性和坚韧的使命感。是的，在这里工作的十年中，张艺深深地知道，她不仅仅是一名护士，更是一名伟大的医疗工作者，她所有的努力都是为了百姓的健康。

自从同事问她一辈子只做一个稳定工作的看法后，张艺的心便开始不平静了。

“是啊，我才30岁，人生才走了三分之一的路程，难道未来的三分之二，要不断复制粘贴今天的生活吗？”张艺时不时地扪心自问。

确实，严肃的职业性质和工作环境，让30岁“大龄”的张艺至今单身，甚至没有谈过一次真正意义上的恋爱。她反复对自己进行心灵拷问：我想要什么样的生活？我是否能够应对各种突如其来的变故？这样的稳定真的是我想要的人生吗？一个人过一生到底可不可以？

就在张艺30岁生日的那天，她送给自己一份硕大的礼物——向院长递交辞呈！

院长是一路看着张艺从一个懵懂的少女长成今日亭亭玉立的女青年，但即将退休的老院长还是不能理解她这样决定的初衷，但也不好替她做任何决定，只是委婉地对她说：“要不要再考虑几天？”

“不了，院长，世界这么大，我想去看看！”

因为一直以来的工作属性，张艺的第二份工作还是在医院，不同的是，她换了一个城市，也有了一个全新的自己！

这是一家连锁的医疗机构，张艺任护士长一职。经过半年时间，张艺对这里的工作氛围以及同事之间钩心斗角的激烈程度感到非常不齿。她一度想要辞职，但当下工作中尚存的不足之处还没有被改善，也没有将一部分有培养价值的小护士点拨到位，而且自己的工作能力还没有得到进一步提升。

张艺想，我该怎么办？

面对这样的不解，张艺不知道如何选择，但成熟的她选择静下来，让时间帮助自己做好下一步规划。

曾国藩曾说过：“盖士人读书，第一要有志，第二要有识，第三要有恒。”这句话成了张艺的座右铭，她相信自己的心有多大，舞台就有多大。心中有志，便会排除万难去学习，然后坚持到底。

生活中，我们总能寻得一大堆的借口“安慰”自己：等有了时间，我就好好读书；等我有空，就带着家人去旅行；等假期到了，我就回老家看看老爸老妈；等忙完这段时间，我就好好休息；等这个项目有了结果，我就去做个全面的身体检查……

真实的结果却是——书没有翻开，旅行变成了别人的故事，说好的假期被公司例行的加班占用，说好的回老家看爸妈，也不得不用视频的方式意思一下……我们总是给自己一大堆理由，单纯为了此刻的拖延，可时间又能偏袒谁？谁的一天能超出24小时？

所以，一旦有了想法，请坚定地去做。张艺的辞职，并非是那种“一拍脑门”的决定，而是经过深刻的思考，又有着明确的目标，想看世界便勇敢地迈出去，这才是通向理想道路的正确方法。我们都知道，有些事你此刻不做，越往后代价会越大。

而和张艺有着类似境遇的姚欣悦，却有着不同的选择和结局。

姚欣悦是一家三农企业的项目专员，研究生毕业的前一年，就在这家企业实习，然后留下并工作至今。已经结了婚生了女儿的她，一年365天的生活几乎一样，每天都重复着上班、下班、回家、吃饭、哄孩子、睡觉的过程……

相信很多人都听过《放羊娃》的故事：

在大西北一个偏僻的小村庄，有一个放羊娃。有一天，远道而来的外乡人遇见了放羊娃，和他聊起了天：

“你在干吗？”

“我在放羊啊！”

“放羊干吗？”

“放羊赚钱！”

“赚钱干吗？”

“赚钱盖房！”

“盖房干吗？”

“盖了房，娶妻生娃！”

“生娃干吗？”

“生娃放羊！”

姚欣悦正在上演的就是城市版《放羊娃》的故事：

“你为什么要考研？”

“为了找个稳定的工作！”

“为什么要找个稳定的工作？”

“稳定的工作才能稳定地生活。”

“为什么要稳定？”

“稳定了才能有个好归宿。”

“好的归宿‘好’在哪儿？”

“相夫教子。”

“教什么？”

“教育孩子好好学习，将来考个好大学。”

“考大学干吗？”

“让孩子找个稳定的工作。”

……

姚欣悦的同事大多和她一样，大学毕业就来到了公司，做了十几年、二十几年的老员工比比皆是。老员工多的企业里，大多会存在“混日子”的现象。几乎所有的部门，都没有计划性和时间管理意识，通常都是当一天和尚撞一天钟，领导给分配了任务，他们就不紧不慢地去完成，从来都不会将要做的工作提前规划好。

时间在姚欣悦的概念里就是“日子”，可以混的那种“日子”。反正大家都这样，她没有改变自己和改变环境的计划。时间久了，领导交代的工作本可以一天完成，在大家的各种“监督”下，也就变成了一周才能完成。

其实，姚欣悦也有理想，她想在30岁的时候考下中级会计资格证书，甚至想在35岁之前把注册会计师资格证书也考下来。她的想法都很好，可没有行动，一直拖着，用各种理由敷衍准备努力的自己，结果注定不会给她任何的惊喜。

姚欣悦的故事，我们一下子就看到了尾声，但张艺的故事，我们才刚刚看到了开头。

是的，在时间的洗礼中，张艺卧薪尝胆，始终铭记自己的职业规划，即使当下的环境给不了她想要的成功，但我们要感谢那些给我们制造逆境和麻烦的人，因为对我们来说，这样的困境何尝不是另一番历练与成长。

几年后，张艺成了这家连锁医院的医疗院长，32岁，年轻有为。

张艺回忆那段让自己焦灼的职业生涯时说，她当时真的很想一走了之，就像曾经说过的一样，世界很大，哪里能没有自己的天地？只要心中有梦，就有舞台可以圆梦。但张艺又想，自己能一辈子做护士、护士长吗？那样的人生和放羊娃又有什么区别？

于是，在沉积的时光里，张艺突破自我局限，尝试经营和管理，从理论上和实践上不断完善自己。时间刚刚好的时候，张艺得到一次晋升的机会，后来又晋升了几次，成为这个连锁医疗集团最年轻的院长。

无论心有多大，都要建立在行动上，否则，再大的心也hold不住你的舞台。这个世界上，超过90%的人都因拖延最终停步，断绝了自己奋斗的路。那些习惯性拖延的人，也不是不能把手头上的事做好，而是不去做。来吧，我们一起跟拖延说“再见”，给心找到适合它的舞台！

2. 你需要不断提高能力，才能变得无可替代

如果公司是一片大海，公司的员工就是汇聚在这片海域的条条河流；如果公司是一条河流，员工就是条条潺潺小溪；如果公司是一条小溪，员工就是小溪中的一滴水……公司就是一个整体，而员工便是组成整体的每个部分。

小溪中缺少一滴水，它还是小溪，但小溪中的水越多，它就会越快变成河流，再变成大海。员工是公司组织架构中不可或缺的一部分，却不是公司生存和发展必不可少的因素，就像地球少了谁都能转动一样，公司少了一名员工，自然还会有千千万万个应聘者投递简历。

那么，什么样的员工才是公司发展最重要的一个无可替代的音符，会始终伴着公司成功的旋律一直演奏下去呢？那就是急公司之所急，想公司之所想，一心琢磨着怎么为公司谋利赚钱的员工。

有时候，赚钱也可以理解为另外一种方式的节约。我们都知道，公司中最能赚钱的当属市场和销售人员，但为公司谋利是全员的责任，那些并未走上一线市场的员工同样可以通过降低成本、开支节流等形式减少公司财务上的支出，其行为也是为公司“赚钱”

了。而市场和销售团队，虽说是公司最能赚钱的团队，但也决不能以此来邀功求赏，甚至威胁、恐吓公司。为公司赚钱是每一位员工应有的价值取向，而其他过激的心态和行为，怕是画蛇添足了。

X公司的总裁一直被中层领导和基层员工视为“吝啬鬼”，原因就是这个公司有个不成文的规定，除了机密文件，所有公司使用过的打印的、复印的单面使用的纸张都要进行二次利用之后方可作废。很多老员工习惯了这样的行为也就没有过多的说辞，但一些新毕业的大学生“大手大脚”惯了，很多时候都不记得公司的这条“戒律”，如果被抓个现行就会给予罚款等处分，而这个时候就是各种怨声载道爆发的时期。

表面上看，总裁是不是过于小气了，非要在一张纸上大做文章，偶尔没有将纸张进行二次利用就被罚款，是不是领导层本身就不够大气呢？大家觉得这样的公司不会有多大的发展，于是这点成了员工怨声载道甚至递交辞呈的理由。

对此，X公司的总裁表示：“单面纸张的二次利用，不仅是为国家减少树木砍伐尽了微薄之力，而且还减少公司的一部分支出。可能一张纸没有多少钱，但积少成多。而且好习惯的养成是很重要的，这些好的习惯将直接降低公司成本的支出，间接增加了公司的利润额，对公司的发展和壮大极为重要。”

当一名员工拥有一颗为公司赚钱的心时，他就会很自然地做出一系列为公司减少支出的行为，并理所当然地认为：自己对公司的盈亏有着义不容辞的责任。这一类员工就会高度留意身边任何一个可能为公司节省利润的机会，并且竭尽全力做好，这样积极的员工自然会使公司有所收获的。

人才济济的大千世界，任何一家企业都需要人才，同时任何一家企业也都不怕损失个别的人才。在竞争激烈的市场环境下，你若想被老板另眼相待，只有“人才”这一个身份是不够的，你还必须牢记“为公司赚钱是最重要的事”。

不管你是秘书、中层管理者，还是基层的市场人员，请一定要将你的努力目标定位在“如何为公司赚钱”和“如何为公司省钱”上。与那些憨厚老实、埋头苦干的忠诚员工相比，老板心目中分量更重的还是听话又会赚钱的员工。

所以，帮助老板实现公司利润最大化的人才，是更能令领导满意的高管培养对象。

在微软公司流传一个故事，这个故事甚至成为很多企业培训的经典案例，说的就是最能为公司赚钱的市场销售人才，在屡屡完成任务之后却还是被老板炒了鱿鱼的事。原则上，不断为公司创造价值的人应该被重用才对，为什么老板解雇了他？这其中又有着哪些直击命运的筹码和枷锁呢?

美国微软是一家举世闻名的科技公司，会聚了全世界顶尖的技术和销售人才，能成为一名“微软人”是值得自豪和骄傲的事，微软对倾力付出和行动力强的员工也是绝对信赖的，并且论功行赏。同时，也绝不会姑息任何一个邀功求赏的势利员工。

有这样一位员工H，他曾经是某知名企业的优秀销售经营者，他凭借着自己的销售优势加入微软公司。在工作的第一个月，H共拜访了10位客户，其中有5位客户与他签订订单协议，这样50%的成交率其实在很多企业都算不错的销售成绩了。带着这份小骄傲，H找到了微软大老板比尔·盖茨，H对盖茨说：“我完成了这么好的业绩，公司准备给我些什么奖赏或是奖金呢？给我一辆车也是不错的！”盖茨看了这位微软新员工一眼，便头也不抬地对他说：“你拜访的10位客户，成功与我们合作的只有一半，另外没有签署协议的客户，有两个已经被我们的竞争对手挖走了。而另外的三人呢？你只关注你谈成的客户，怎么不去研究一下没有选择微软的人是基于一种什么样的心态？”

听了盖茨的一席话，H意识到自己的不足，于是第一时间去对没有合作的5位客户进行二次拜访，也是真的具备一些谈判技巧和销售方法，H最终将另外5位客户巧妙地从竞争对手的手中抢了回来。

这个时候的H已经比之前更骄傲了，于是他再次找到盖茨，说道："老板，10位客户我全部满单完成，这么完美无缺的成绩，您是不是应该给我更高的奖金呢？"H骄傲地向比尔·盖茨邀功，然而盖茨却不屑地回复："你是一名销售人员，你的时间应该用在拜访客户上，而不是站在我面前说废话。你的精力应该全部用在与客户谈判和与竞争对手周旋上，而不是向我邀功。你以为你完成了十单生意就非常成功了，但你是否知道其他比你更优秀的销售精英已经在谈他们的第11个、12个客户了。"

H听了盖茨毫不留情的训斥立马傻了眼，的确，他在之前的公司，甚至是很多个科技公司都算得上顶尖的销售人才，然而微软是集结了世界无数精英的公司，区区一个H甚至难登大雅之堂。想到这些，H便开始更加努力去拜访客户，第二个月，H一共拜访了11位客户，并且全部签约。

H想，这一次再去找老板理论，总不会再被骂了吧。于是，H第三次走到盖茨面前，这一次他有所收敛，但还是好大喜功地对盖茨说："老板，这个月我拜访了11位客户并且全部签约，这份100%的答卷您应该满意了吧？"这一次，盖茨也没有责备他，而是心平气和地告诉H："你已经被开除了。就在你来找我邀功的路上，其他的销售人员已经开始与他们第12个、13个客户进行对话了，所有人当中，你是成绩最差的一个。”

整件事下来，我们都领悟到这样一个道理，一个对企业忠诚并且一直没有放弃努力的员工，即使没有创造出多大的成绩，甚至可能一直在做基础性的工作而没有被晋升，但也一定不会被开除。而一个员工即便再优秀，为公司不断创造价值，但若永远拿着小成绩去邀功请赏，而不是像其他人才一样加倍努力和奋斗，那么等待他的结果只有一个，就是被解雇。

很多员工的优秀其实都是被“逼”出来的，他们最初的成绩平平，却始终都很努力，这样的员工一定会不断成长，并且不断提高自己为企业所创造出的价值的。无论什么时候，员工个人的成功都是基于企业的成功之上，离开企业快马加鞭的发展道路，任何小我的成绩都是九牛一毛的，员工也不可能收获公司高额利润下所赋予的丰厚薪酬。

其实这不难理解，老板、公司、员工三者之间的利益是共通的，公司赚钱了，老板才会有钱奖励给为公司做贡献的员工个人，三者一荣俱荣，一损俱损，所以，帮助老板为公司赚钱是员工的使命，也就是理所当然的。

员工用业绩和老板说话，这件事本身没有问题，但H的问题出现在他不断拿着自己所认为不错的成绩去向老板邀功，殊不知自己的成绩只是人才济济的微软公司中垫底儿的那一个。如此，他就成了最不能为公司创造利润的那个人，也就谈不上有“业绩”。

企业的生存和发展离不开利润的维系，公司是一个为那些努力证明自己能力的员工相互角逐的战场，“适者生存，不适者淘汰”和“末位淘汰”的定律还是比较科学的。如果没有成绩，也就失去了成为公司一分子的价值，迟早是要被摒弃的，而唯一能够证明自己能力的筹码就是，你能克服自己的拖延症，能为公司赚更多的钱。

3. 你的拖延行为正在严重地拖你的后腿

姚新宇从小就是特别努力、奋进的人，仿佛在他的价值观里，就没有泄气和消极这样的词汇。读大学那年，他从贵州老家背着简单的行囊，踏上了北上的列车。行囊虽然简单，他的内心却是十分沉重。

姚新宇是家中的长子，有三个弟弟和两个妹妹。出生于20世纪80年代的他，正好赶上国家计划生育的高潮期，家族里老一辈人的观念是多子多孙多福气，这与国家的计划生育背道而驰。可想而知，姚新宇一家因为生育的事情已经家徒四壁，就剩下那两亩三分连草都不愿意长的菜地。

姚新宇的家族，或者说他生长的那个小山村里的人是非常重男轻女的，特别是对长子的看重程度极高。姚新宇虽然不是含着金钥匙出生的孩子，但在家族的地位极高，尤其是在那个小村子里，他的学习成绩算得上是最好的，又能以高分考入北京的大学，可想而知，他是整个村庄和家族的骄傲。

虽然家里的孩子中他最年长，但弟弟妹妹都特别照顾长兄，一家人其乐融融。

他的大学录取通知书邮寄到村支部的时候，20年没有考出大学生的小村子，顷刻间热闹起来。村主任一高兴，姚新宇大学四年的学费就全部由村支部承担了。

大学生活对姚新宇来说，就像万花筒一样五彩斑斓，是自己从小长到大的小山村比不上的。18年来，姚新宇只知道学习，一时之间看到那么多花枝招展的女孩子在校园里穿梭，他真有些不习惯。窈窕淑女，君子好逑，姚新宇自然不会排斥长得好看的女生。但他特别内敛，漂亮女生和他说话时，他整个脸和脖子会一起红。

姚新宇有个死党，是因为足球认识的赵辉，男孩子们结为死党，多半是因为不打不相识。这天，赵辉和队友一起筹备足球联赛的事，由于新的球场还在建设中，课间的时间也短，他们切磋球技就选在了操场。

姚新宇课下的时间更多的是用在读书上，这时正捧着书从操场上经过。说时迟，那时快，赵辉一脚踢出去的球就砸在了姚新宇的眼镜上，所幸，眼镜碎了，他的眼睛还好。

就这样，姚新宇和赵辉认识了，成了朋友。对于姚新宇而言，赵辉这个朋友，应该算是这一生最真诚的，也是唯一真诚的朋友。

大学毕业前的半年，东奔西走的大家都在忙碌着毕业后的去留问题，毕竟北京是很多学子梦寐以求想要奋斗的地方。赵辉在家人的安排下回到了东北老家。姚新宇有心留在北京，哪怕只是漂着。可家里人轮番打电话问他是怎么安排的，没明说一定要他回家乡，但字里行间透露着“你生在村子，长在村子，上学的学费也是村子给你出的，如果不回村造福百姓，你怎能心安”的意味。

工作的事，在一般的毕业生心里，算是一个比较正常的，从少年到青年的中转站，可在姚新宇的心里不是这样。

工作，这两个字像针一样刺痛着姚新宇的心。如果回村子里，他现在就能预想到未来十几年甚至几十年自己的状态；如果不回去，就要背着忘恩负义的骂名一辈子，父母和弟弟妹妹们也跟着抬不起头。

毕业了，姚新宇逃了，他没有回家乡，也没有去哪个大城市漂泊，而是选择在论文答辩时出错，故意导致论文答辩不合格，需半年后再行答辩，通过了才能拿到毕业证。

听了姚新宇的情况，赵辉惊呆了，这得是多么不情愿，才能让一个勤奋的少年恶意损伤自己的强大自尊来拖延毕业？

村干部和姚新宇的家人听了，也感到很诧异。

姚新宇的工作问题算是告一段落，第二次答辩很顺利，当然顺利了，以姚新宇的能力，第一次答辩通过也是没有什么问题的，唯一的障碍就是他自己拖着不想回家乡工作的心思。

在准备毕业论文的半年时间里，姚新宇也在备考本校的研究生。再推托不毕业是不现实了，那么不工作的另一个好理由，就是继续学习深造！

三年后，回家乡工作这件事，再一次困扰着姚新宇。考虑再三，他决定回家乡，没有拖下去的借口了。姚新宇学的是地质学，这个专业的学生毕业后工作不好找，同理，这类工作也很难招聘到对口的人才。

赵辉一度以为，姚新宇读研是为了找到一份好一些的工作，他知道姚新宇是家里的长子，弟弟妹妹一大家人都等着姚新宇出人头地后回家光宗耀祖。但赵辉不知道的是，姚新宇选择读研是为了不工作，不工作是因为在回家与当北漂之间的选择很艰难。

不知情的赵辉曾疑惑地问姚新宇：“书里到底有什么样的魔力，吸引你一直学习？”姚新宇头也不抬地回答：“读书是为了考取文凭，然后好好工作，光宗耀祖，捧着铁饭碗吃一辈子！”

在赵辉的头脑里，这样的回答更像晴天霹雳，好在没炸毁他们的友谊。赵辉心想，自己一定是心智不全的傻蛋，要不然，怎么对姚新宇的答案如此困惑？

姚新宇考研的那一年，赵辉在项目组干得很卖力，主要是人际关系处理得漂亮，很快就升为项目部主管。姚新宇研究生毕业回到家乡等待工作安排的时候，赵辉已经是公司项目部的经理了。他们的世界也是从这个时候开始发生了质的改变，昔日的勤奋少年，自此开始了漫无目标的坐吃等死之旅。

多年后，赵辉已经成了公司集团总部的高管，带着妻女去伦敦旅行回国后，辗转来到贵州姚新宇的家乡，多年未见，仅凭朋友圈的几句问候，思念充溢在心中。

姚新宇研究生毕业后回到村子，村支书亲自将他安排到镇政府工作，还为此费了不少口舌。十几年过去了，姚新宇还坐在镇政府的这个办公室的这把椅子上，做着跟自己专业无关也不相符的档案管理工作。

赵辉的妻女和姚新宇的家人一起唠家常，他就跟着老同学去了办公的档案室。档案室不脏，但很乱。姚新宇解释说："别的部门同事过来调档案，送回来后，我手里有其他事情，没有来得及归档。"赵辉心里明白，姚新宇这是在拖着呢！

档案管理，这哪是一个从北京高等学府出来的优秀硕士做的工作，而且一做就是十几年。他是了解姚新宇的，这小子聪明，是个搞研发的天才，不明白为什么成了现在的模样。

多年以后，赵辉步步高升，已经是分公司的总经理了。而姚新宇还是老样子，每天看着档案，喝着茶水，再无他求。

赵辉渐渐知道了，姚新宇不是没有晋升的机会，是他故意拖延做事，让同事和领导大有意见，谁能把晋升机会给一个不思进取的人呢？也许别人不知道姚新宇为什么会成为一个拖延的人，与他昔日光辉的事迹一点也不相符。大概只有赵辉心里清楚，姚新宇的拖延来自他的不情愿，他的不情愿来自当初的无能为力。

也许今天再谈及当初的无能为力早就为时已晚，但不得不为此惋惜，一个明明可以辉煌的青年，却在无欲无求中安然养老。

第七章
告别拖延症的四大关键

本来10分钟就能完成的文件，因为拖延，2个小时才写好；本来1周就能完成的工作，因为拖延，1个月才完成……因为万恶的拖延，很多人工作效率低下，生活态度消极。这四大要素，帮你彻底告别拖延症。

1. 拥有强大的执行力

很多人认为自己的拖延症早已病入膏肓，他们痛恨自己的无能为力，也颓废于自己的止步不前。其实这样他们的拖延症并未得到良好的治疗，整个精神状态也会很差。想要跟自己的拖延症说再见，却没有信心战胜它，看到自己依旧拖延着每一件事，心头焦灼，恨不得毁灭此时的自己。

要想跟拖延症说再见，你就必须重拾执行力，只要有所行动，就有机会成功。别担心时间晚不晚，只要行动了，开始了，就不晚。执行力才是战胜拖延症的重要利器。

有一个故事，一群被猫长时间不断追杀的鼠，在数量不断减少的大环境下，被迫召开了一次全鼠大会，它们要改变命运，救自己于水火之中。

鼠群中有一只老鼠资历比较老，喜欢发号施令。所有的老鼠都到齐了，这只有资历的老鼠率先站到鼠群最前面发言，用相当权威的语气号召大家："如果我们不齐心协力解决掉老猫，终有一天它会将我们在座的每一只老鼠吃掉。这只老猫用爪子迫害了我们很多兄弟姐妹，它的爪子是血淋淋的，我要最先把它的猫爪子吃掉！"

说到动情处，老鼠亢奋起来，仿佛那只猫已经在它面前跪地求饶。

接着，老鼠继续自己的演讲：“杀死一只猫，绝不是我们某一只老鼠自己的目标，甚至我们集合大家的力量做这件事也有难度。所以摆在我们面前的，迫在眉睫要解决的问题就是如何躲开老猫，而不是怎样杀死它。”老鼠的话锋一转，让听得激动不已的老鼠们萌生的愤慨瞬间瓦解，大家的积极性刚刚被调动起来，就被它说得晕头转向，其实这是让它们逃跑呢！

这只老鼠意犹未尽，还在说着：“各位兄弟姐妹，我已经准备好了一个铃铛，只要将铃铛挂在猫的脖子上，一旦它出现在我们活动范围内，我们就能清晰地听到铃铛的响声，及时逃到洞穴中把自己保护起来！”

一些老鼠居然认为它的演讲特别精彩，说得非常有道理，好像就是这么回事儿一样。于是，大家你一言我一语地赞美这个计划。这时，一只小老鼠站了出来，弱弱地问了大家一句话：“给猫戴上我们精心准备的铃铛，这是很危险的一个步骤，稍有不慎就直接喂猫了。请问，谁去做这件事呢？”

小老鼠的提问让热闹的会场瞬间鸦雀无声，老鼠们你看看我，我看看你，苦恼着到底应该指派谁去做这件危险至极的事情。最后，提出创意的那只演讲的老鼠自告奋勇去为老猫戴上铃铛，当它刚刚走到洞穴门口的时候，早已守在外面的老猫一爪子就将它拍扁了。

老鼠的计划是制订了，可这样的计划并非解决根本问题，甚至当第一只老鼠主动送死后，其他的老鼠没有意识到，最需要解决的问题根本不是给猫戴铃铛，而是让猫消失。此后，老鼠们没有再为此主动献计献策的了，老鼠的数量越来越少，它们一个个都成了老猫的美味佳肴。因为它们在解决根本问题上的拖延行为，断送了为己谋求生机的一次又一次机会。

耶稣有一位得意门生名叫彼得，师徒二人在一次远行的途中看到了一块较为破烂的马蹄铁。耶稣让彼得捡起来，但彼得假装没听见，继续往前走，他心想着：弯腰多累啊，我才不捡呢！耶稣见彼得没有理会，便自行弯腰捡起马蹄铁，并在途中遇到的铁匠处用这块马蹄铁换了三文钱。

又走了一段行程，师徒二人看到一位售卖樱桃的商贩，耶稣示意彼得拿着刚刚换来的三文钱去换取点儿樱桃，彼得不愿意多此一举，又一次假装没听见继续往前走，耶稣只好自己换了几颗樱桃回来。

又走了一段行程，他们出了城继续前行，途经一处茫茫无际的荒漠。耶稣猜想到此时的彼得一定饥渴难耐，但又碍于面子不肯低头，耶稣就故意把放在袖子里的樱桃不小心掉下一颗。彼得见状马上捡起来吃掉。就这样，耶稣一边走一边故意掉落樱桃，彼得一边跟随一边弯腰捡樱桃吃。

走过了荒漠，他们到达了目的地，耶稣语重心长地和彼得说："如果按照我的要求，你只需要最开始弯一次腰，把那块铁捡起来就够了。结果你不肯，才有了后面饥渴难耐的情况，有了很多次低头弯腰的行为。"

两个小故事无不说明执行力的重要性，很多工作，不能因为我们不喜欢、不愿意，就不去做，到头来吃亏的会是自己。

余威经过多年的努力，积攒了一定的财富、人脉、经验与技术，终于在鲜花与掌声中创办了一家属于自己的创业型公司。为了让公司的运营更接地气，余威在开业之前，就早早地将管理机制、管理制度、绩效考核、岗位职责、企业文化等"软组织"搭建好，并贴在墙上，让未来所有入职的员工都一目了然。

作为一名奋斗者，余威有绝对的打拼实力；作为一名年轻的管理者，他也有很强的悟性与影响力，很多策略性的想法也很清晰透彻。但作为一位企业决策者，他的执行力却限制了企业的发展。没有执行力的软文化就是一团看着丰盈、握紧了就几乎没有了的棉花，未落地，未生根。

余威忽略了，那些呈现于沙盘上的宏伟蓝图，那些贴在墙面上高高挂起的标语，那些随处可见的伟大口号，那承载他年轻梦想的彼岸，在没有任何执行的前提下，不过是他人眼中的过眼云烟，自我心中永远不会实现的虚幻罢了。

当今时代，打工也好，创业也罢，都不再是一个单纯制订计划和策略的时代，任何策略都要有执行力，才能形成正确的管理模式，为企业、为自己的事业创造价值。执行力在企业的战略发展中至关重要，要求公司注重承诺，关注现实，强调结果，注重导向；是否具有执行力又是每个人、每个企业首先要解决的问题。在竞争激烈的市场环境下，好的执行力成为独特的竞争优势，那些在企业中脱颖而出的佼佼者，在行业里崭露头角的新兴企业，无不是在执行力上不敢松懈的。

没有执行力，就等于没有竞争力；没有竞争力，就不可能成功。

河岸的对面，一位哲学家准备乘船渡河，想了想，问船夫道："老先生，您研究过哲学吗？"

"哲学？对不起啊客官，我就是一介船夫，没读过什么书，更没有学习过哲学。您啊，是抬举我了。"船夫有些自嘲地笑了笑，回答道。

“那真是太遗憾了，你至少白白葬送了50%的生命！”哲学家分析说。

“客官，您又抬举我了，我都没学习过数学，什么50%的，我没有概念。”船夫答道。

“那更可惜了，你失去的不止50%的生命，而是80%的生命啊！”就在哲学家和船夫一问一答的过程中，一个巨浪拍来把船打翻了。哲学家和船夫同时落水，看着在河水中艰难挣扎的哲学家，船夫问道：“客官，你学过游泳吗？”

哲学家俨然没有精力应付这样的问题，他在努力挣扎中艰难回答：“我没有学过游泳！”

船夫遗憾地感慨道：“那真是遗憾了，你将失去全部的生命啊！”

船夫和哲学家的故事让我们看到了，大脑中的认知永远没有现实生活中积累的经验经得起洗礼和考验，唯有强大的执行力才能保证，你头脑中的学问与生活中的博弈相匹配。

没有执行，就没有结果！

2.高情商更容易让你做到不拖延

在接受赞美和表扬的时候，大多数人通常都是比较含蓄地谦虚一番，表示自己做得还不够好，只是比较幸运而已。其实，大家都是以这样的一种谦虚的口吻向外界表态：因为自己足够努力，才能够凌驾于一切幸运之顶，摘得起荣誉，配得起掌声。

在一些人看来，这是最起码的一种美德。如果在获得荣誉的时候，直观地强调自己有多么优秀的话，恐怕就很招人厌烦了；若是过分地谦虚，或是一味地表示自己一无是处，就会显得十分虚伪，不禁让人反感：你这样一无是处还能够获得如此殊荣，岂不是我们每一个人都不如你千倍万倍?

所以，即使是集万千宠爱于一身的天之骄子，在表达自己喜悦的同时，也要恰到好处地组织语言，否则伤人害己是小，自绝活路是大。但如果有人能够将自嘲演绎得令人感同身受，确实也是一门相当具有智慧的艺术。

2009年11月，第46届台湾电影金马奖的颁奖晚会上，首次诞生了两位“影帝”——张家辉和黄渤。据说之前投票环节时，第一次张家辉7票，黄渤8票；第二次张家辉8票，黄渤7票；第三次张家辉7票，黄渤8票……真不知道，如果再继续这样投下去，结果会不会是无限循环，还好一位评委站出来说道：“为什么不能是两位‘影帝’呢？”这一提议得到众人的认同，于是就诞生了首次金马奖双“影帝”。

不过，那次颁奖典礼上，最经典的不是诞生了双“影帝”，而是黄渤别具一格的获奖感言：“其实，以前我也有过很多奖项提名，这是第一次得奖，谢谢评审给我机会。这部戏是我拍过最难的戏，也是最苦的戏，但是真的很感谢导演给我这个机会，也感谢幕后团队。”

凭借《斗牛》，黄渤摘得“华语电影三大奖”之一的“台湾电影金马奖”。一直以来，黄渤都算得上实力派的男演员，走演员这条路，对黄渤来说很艰辛，也确实很苦。摸爬滚打的坎坷经历中，他受到了太多人的冷嘲热讽。那种场合，一般人都是难以招架得住的，要么淡然一笑解风情，要么灰头土脸转身走。

不知道是不是经历得多了，又或许本身骨子里就透着不服输的倔强。每一次面对别人嘲笑的时候，黄渤都会再来一次更为绝佳的自嘲，让对方甚至都有些于心不忍。你看，本来是想嘲笑黄渤的，没想到最后还是人家黄渤占了上风，这才是智慧之人。

就像在颁奖典礼上，黄渤在捧着“影帝”奖杯的时候自嘲的那段对白，无数人听的时候当成了笑话，而听过了之后却再也无心否认黄渤的一切了。

“记得我刚考上北京电影学院的时候，有的同学就说：‘黄渤也考上电影学院了，现在的招生标准也太低了吧！’后来我和颜值出众的同学们一起去试镜，导演与帅哥美女们交流了很久后，走过来跟我说：‘你是他们的经纪人吧？’家里还有位长辈知道我要去演戏了，跟我说：‘女怕嫁错郎，男怕选错行啊！’”

听到这里，台下观众的笑声已经开始向着震耳欲聋的方向发展。黄渤顿了顿，拿起手里的奖杯，欣然地继续说：“看来我选对了。”此时，场内掌声一片。仿佛之前受过的苦，遭到的白眼，都被黄渤的自我调侃带过了。听不懂的人，认为黄渤是一流的侃爷；听懂了的人则不得不感叹黄渤不易，知道他在用生命去演戏！

比起其他演员在讲台上一连串的感谢话语，又或者激动得热泪盈眶，好半天说不出几个字的情况，黄渤的获奖感言相当真实，也很特别。仿佛他被取笑的那一刻就赫然呈现在大屏幕上，辗转多年，昔日名不见经传的小演员成了如今的“影帝”。黄渤用实际行动证明了，当初并不看好他的人眼神都不好。

不可否认，从颜值上看，黄渤与其他的演员相比确实不占优势，在观众的眼里，也就不怎么像主角，更不像“影帝”。所以，黄渤总会在时机恰当的时候来一段与时俱进的自嘲，充满智慧地将这一“缺点”瞬间变成优势，成为观众心中诙谐的闪光点。

事实证明，很多人都体会过，幽默的魅力是无止境的，那种“取乐于物”的感受往往可以给单调的生活带来更多的轻松和快乐，特别是智慧性的自嘲，俨然成了一个人性格乐观的标志。有科学家研究表明，自嘲可以营造幽默气氛，改善人的心情。

2009年11月18日，在北京大学首个校友等额配比基金（校友等额配比基金，即北大校友给北大的任何一笔捐赠，都将获得“北大叶氏校友等额配比基金”提供的一份相同数额的配比。通过北大校友的共同参与，将最终为北大筹集一千万元人民币的捐款）设立仪式上，主持人在介绍与会嘉宾时，不小心将“新东方校长俞敏洪”说成了“北京大学校长俞敏洪”，主持人的口误引起台下哄笑一片。北大新任校长周其凤（原北京大学副教务长，后任吉林大学校长，现任北京大学校长）上台讲话，开场白就用一段自嘲调节现场气氛：“我现在就在时时提醒自己，千万别一开口自我介绍就说成吉林大学校长。我刚去吉林大学时，就总说自己是北京大学的，说错了也意识不到，还特别希望别人鼓掌，结果他们都哈哈大笑。”

这是周其凤就任北大校长以来，首次与师生见面，却因主持人的口误而气氛尴尬，结果周其凤用一番自嘲，在赢得台下师生热烈掌声的同时，也赢回了尊重。

很多时候，自嘲都能够以一种尤为幽默的姿态，智慧地化解现实中的尴尬。无论是紧张的、难堪的、不知所以的，或是没有任何优势的情况下，幽默诙谐的自嘲，能够巧妙地扭转局面、调节气氛、化解尴尬，彰显出一个人谦逊的本质和伟岸的胸怀。

只不过，所谓的说话技巧，一定要选择恰当的时机，正如“好刀要用在刀刃上”才能事半功倍，否则就是“赔了夫人又折兵”了。任何取笑自己的行径，都是需要良好的心理素质作为积淀。一位过了气的女演员在一次接受众人采访时说，她有一次在美国度假，穿着白色泳装随便在岸边走上一圈，飞在上空的美军就大为紧张，还以为自己误入古巴境内!

女演员知道自己生育之后身材发福明显，几乎所有的女演员生了孩子之后再度复出，或多或少都会受到影响，所以很多人选择不复出，当起了全职太太或自主创业。可那些没有嫁入豪门，也没有资本创业的女演员，若想在原来的舞台上再寻回一块立足之地，可就难上加难了。但这位女演员，用取笑自己的方式来帮助观众重新喜欢上自己，赢得他们的尊重和支持。

黄渤被称为娱乐圈高度自律、高双商的人生赢家。黄渤有一个属于自己的人生“第四名论”——他的人生价值观认为，人生第四名是最佳状态，因为第一名要备受镁光灯下的万众瞩目；第二名可能因为一名之差与辉煌失之交臂，内心负面情绪爆棚；第三名一方面替第二名惋惜，一方面也深深体会着同第二名大体相同的感受……然而第四名却不一样，他没有第一名的辉煌，也不用为了这份辉煌时刻束缚自我；也没有第二名和第三名的焦虑，反而置身于局外，高空看待事件本身，压力较小，动力十足，不会因为害怕做错而拖着不做，也不会因为表达上的尴尬而选择不去表达。

没有人能随随便便成功，谁的努力与坚持都是有结果的，情商高的人多半善于表达，会表达、有动力的人大多不会患上拖延症，因为在他们的世界里，向前就是唯一的方向！

3. 好的性格能让你迅速适应工作环境

“梅，我都要被我们经理烦死了，他每天都安排我做这个做那个的，好多工作重复做很多次，他倒是一点儿也不烦，可是我烦啊！”

赵晓梅已经不是第一次接听闺密打来的抱怨电话了，她知道闺密的这通电话至少得讲30分钟以上，她手里还有很多琐碎的小事没有做完，另外还有一个会议需要主持召开。她想放下电话继续忙碌，但依闺密的性格怕是不允。

赵晓梅不得不停下手里一切工作，为闺密灌输大量心灵鸡汤。

“茹，你有没有想过，除了你手里的基础性工作之外，为什么Boss会反复让你做同一件事？你一直排斥这样的事情，但要解决，总得先把原因找出来才行。比如，你第一次完成领导给你的这项任务时，是不是没有做好，或者存在很明显的瑕疵？领导让你第二次做这件事，甚至第三次、第四次……是不是因为你每次做得都不够认真，所以领导才想一直让你重新做？”

听了赵晓梅的话，那位一直喋喋不休的闺密一时间没了动静。是啊，面对这样现实又客观的问题，想必很多人都只能沉默和心虚——他们只知道把事情做完，却从未认真思考过自己做的事情到底有什么结果。

“做完”，“做好”，这两个词语只差一个字，却有着本质上的不同。“做完”有行动，却没有结果，或者结果被忽略了，做事的人往往为了应付而不得不做。很多时候留给这件事本身的时间就很少，再想着完成，堪比登天。“做好”，它包含了很强的执行力，也囊括了事情的积极的结果。

《荀子》有云：“积行成习，积习成性，积性成命。”说的就是，一个人的长期行为活动一旦形成了习惯，那么就会通过习惯的无数次使用而演变成这个人的性格，进而决定着他的命运。

一位日本心理学家也曾说过：“心理变，态度亦变；态度变，行为亦变；行为变，习惯亦变；习惯变，人格亦变；人格变，命运亦变。”这句话不难理解，若想让自己的运势变好，首先要拥有一个好性格。当然，这里所说的“好性格”并非单指性格随和或性格要强。

人的生命只有一次，性格却有九型。“性格决定命运”，九型性格，某种意义上就是九种生命。只不过，心理学家尚未证实，一个人是否可以同时或次第拥有九型人格，但可以肯定的是，一个人一生的性格，绝不局限于一种类型。

大多数情况下，每一个人都不会在单一的环境下生存，比如孩童的升学，成人的择业，以及生活中时常发生的各种变迁，这都迫使人们不得不从一个环境转换到另外一个环境。若要在新的环境更好地生存，就一定要改变自己，逐渐培养自己的习惯，使之适应于新环境、新事物。

某部诠释演员演艺之路不易的剧作中，有位演员这样说："我们做演员的，不能只演一种形象，无论是正面人物，还是反面人物，单一的角色和形象将会禁锢演员的发展。所以，一个合格的演员，要去努力尝试并付诸行动，去饰演各种角色，积极阳光的，消极懈怠的……"

做人和做事一样，都不能在一个领域里墨守成规。

小钰大学毕业后，就留在了北京某大型企业做行政助理。很多人会说，一个女孩子能够留在北京工作，还是一个不错的企业，要是一直这样发展下去，她的人生就算成功的。但小钰并不这样认为，她是一个性格洒脱，桀骜不驯的人，她认为世界那么大，总要出去看看，才算不枉此生。

于是在工作三年之后，小钰递交了辞呈。此时，她已经做到了分公司行政部主管一职。可这些对于小钰来说，都不那么重要。她说自己耐不住寂寞，无法在一个温室里做娇滴滴的花朵，她更像一朵山野间铿锵的玫瑰，现在就要去寻找属于她的自由了。

小钰的同学雅茹，经介绍来到小钰曾经奋斗的地方接替她的工作。雅茹是一个性格内敛的女孩，她没有小钰阳光外向，但更为谨慎。部门经理很欣赏雅茹，他认为行政工作者就应该谨小慎微，凡事都应做到近乎完美。

然而没过多久，雅茹也离开了自己喜欢的岗位，主要原因就是她的性格过于谨慎，凡事也都想得过于周全。瞻前顾后或许在某些事情的处理上算是优势，但一味地畏首畏尾，反而更加局限自己。

工作中，雅茹的人缘不算好，同事们都觉得她太仔细、太斤斤计较了。和这样的朋友相处很累，与其这样，还不如只做同事，有工作交集的时候做好自己的本职就好。但是大家对小钰的印象很好，她热情大方，总能感染到身边的每一个人；她阳光洒脱，总能给枯燥的工作带来更多的惊喜。

他们共同的直属领导则评价道："小钰热情，这是年轻人特有的性格，但她向往自由，所以很难在一个固定的位置上工作很久，就像小学生上课一样，上完了这节课要有课间休息，之后再上一节新课。要是没有课间休息，或者第二节课依然是这个老师讲雷同的问题，她就受不了。而雅茹稳重且耐得住寂寞，谨小慎微地行事，在工作上十分给力，生活中却显得不那么近情理，会给人一定的距离感。”

人是一条鱼，社会是一缸水。如果你来自热带，那么在北方的冬季，就一定要降低自己的体温，以此求存，而不是奢望水里的温度为你升高。

你会发现做销售的人玲珑剔透，说话永远都那么好听，做事永远都那么贴心。难道他们都是上帝派到人间的天使，为的就是带给人们更多的快乐？不，他们和我们一样，都是普普通通的人，做着普普通通的事，他们的奋斗目标也很简单——做得更好一些。

因为他们要面对形形色色的人，不同的人有着不同的兴趣和爱好。你若要与对方快速成为伙伴，就一定要和对方成为同道中人，要么有一样的理想，有志同道合的交流；要么有共同的爱好，茶余饭后一起切磋。

可见，人生存需要有一定的素质，用来适应社会和环境，素质便是柔韧、不唯一的好性格。一个有目标的人在坚持内心准则的情况下，还要读懂“性格使用准则”，每个遇到波折的缘由都潜藏在你的一举一动里面，性格决定着命运。

你给它拖延的借口，它定会还你拖延的结果，偷的懒，终究是要还的。

4. 永远都要有下一个目标

马拉松的比赛中，一些常胜将军都有一个必胜秘诀——将漫长的马拉松分割成若干段，每一段再选一个标志物作为“航标”，当努力向着眼前的这个“航标”靠近的过程中，就等同于即将成功地完成一项任务；当这一项任务完成之后，接着为完成下一个任务努力，直到最后一个“航标”近在咫尺。

成功的人不会因为一次的喝彩就停滞不前，因为前方有数不尽的有待成功的事情等待着他们去完成。就像中国的学生从小学一年级开始就经历期中考试、期末考试、小升初考试、中考、高考一样，到了大学也会有每学期一次的考试，出国留学还要考托福、雅思等，步入工作岗位要经历不同时期的职称考试、职业考试以及每个月和季度、年度的绩效测评。每一个考试或考核，其实都是验证你过去的学习或工作是否发挥了最好的能力，是你走过一段“路”后遇见的一个“航标”。

我们要在到达一个“航标”后继续向前、向前、向前……

里约奥运会上，中国女排姑娘们在小组赛中频频失利，所有人都不觉得女排能创造多么可观的成绩，随之而来的还有很多质疑和指责的声音，说郎平过于大胆了，选用那么多的新人，这不等于拿奥运会“练手”吗?

队员们经历一次次的失败，虽然一直继续坚持比赛，但内心深处还是有所退缩的，不排除个别人，特别是第一次参加奥运会的新人，从那个时候开始就给自己判了“死刑”——这次奥运会得奖是没戏了。

但主教练郎平没有一丝一毫的放弃和抱怨，此时的她是慈爱的母亲，抚慰受伤的女儿们，告诉她们已经做得很好了，不要被眼前的迷雾左右了胜利的方向，只要不到最后一刻，谁都不能确定站在冠军台上播放祖国歌声的是谁。同时，郎平还是严格的老师，她总结姑娘们打出的每一个球的优缺点、优劣势；分析每一次得分是货真价实的“实力球”，还是蒙混过关的“擦边球”；分析每一次对手得分是我们的疏忽，还是对手绝对有实力，面对这样的实力，我们该如何走差异化路线，如果是对手的“擦边球”，我们又该如何避免失利等。

郎平是在指导女排姑娘们如何打球，但严格意义上可以判定，这也是一套完整的、科学的企业经营管理“方法”。

企业家在企业的经营管理中一定会有所认知，企业的目标关乎企业的生存和发展，它甚至在企业的整条生命周期中都扮演着至关重要的一个角色。在现代的企业管理中，企业的目标通常是具有战略意义的，因此，这个目标又被视为企业的战略目标。

企业的战略目标在企业完成自身使命过程中，能够起到“长治久安”甚至不朽功绩的保障，战略目标的设定周期一定是很长的，并且实现目标的过程就是企业不断发展和进步的过程。越是追求长期的结果，越是不断在延长企业的生命线，越能够成功塑造优秀的企业和企业家。

企业的战略目标可以在一些相对重要的领域中，基于企业生存和发展找出进一步行动的具体方向和制订计划。领域的不同决定了战略目标的“非单一”性。企业在发展过程中的不同时期所进行的经营活动也有所不同，但不同的经营活动都有一个共性，就是为达到其战略目标而采取的一系列行为。

无论是企业的领导，还是团队的指挥官，在其行使有效管理的过程中，计划工作是一切管理的基础，而计划工作的终点就是目标。因此，一个有效的目标管理及其规划势必成为科学管理体系中不可或缺的重要组成部分。

目标是企业的目标，因其需要团队的所有成员共同努力才能实现，故而团队的目标又应该是每个人的目标。只有当团队中的每一个个体，都将团队目标看作个人目标，才能将自我的潜能发挥得淋漓尽致。也只有这样，才能促成目标的最终实现。

那么，对于整体目标，企业和团队又该怎样做好管理工作呢?

所谓的目标管理，是企业领导者对公司的需求以及有待解决的问题进行总结与归纳，再制定出一个周期内的所需要解决的总目标。在目标确立之后对其分别设立目标和实施措施，形成一个目标体系。实时更新目标各阶段完成情况，并与实施目标人员的绩效考核相互关联。

不管是世界500强企业，还是百年“老字号”企业，或是仍处于创业阶段的新兴企业，其在实施目标管理的过程中，都无法去实现那些要求不够清晰的目标。要想成功，哪怕是阶段性的成功，也一定要目标明确，要求清晰。

实行目标管理包括三个步骤：制定完善的目标体系，组织人员实施所制定的目标体系和检验目标实施体系的结果。首先，公司的领导者必须制定出一个总目标，再通过上下各级部门相关人员的统一协商，制定出部分及个人的分目标。值得一提的是，这些分目标的制定同样要求清晰明了，特别要具体化和量化。这样既方便分段完成，又有利于考核。

所有的目标管理中，都要求目标细化到每个人的每一个阶段。目标确定之后，公司领导者就需要放权于各部门负责人，部门主管同样需要放权于执行计划的每一名员工。每一个上级只需要重点把握好综合管理即可，即做好指导，提出问题，协助解决问题，提供市场情报以及后勤保障等有利于实现目标的环境因素。

基于此，领导者再对各级目标的完成与结果进行检测与评估。评估，就是考核目标完成的结果时，大致又可分为三部分：先是自检，即实施目标的个人先自我检测目标的完成情况，自己给自己打个分数；之后是各级部门领导对逐级的自检进行综合评定，直至企业的最高管理者，从而依据现阶段的完成情况再进行下阶段的目标制定；最后做出对成果的评价，涉及评价就要配合相应的绩效机制，有奖有罚才能更好地促进机制的优化实行。

对于目标完成得好的员工要给予奖励，并且下一阶段该员工或该部门的目标可以制定更高一级，相应的奖罚机制也依次递进；没有完成目标的也要给予必要的惩罚。

由此可见，通过目标的管理，不仅可以促成目标的高效达成，还能够在其中发现和培养出更加优秀的企业人才，即使是工作完成并不理想的员工也会在相应的管理机制中得到改进与提升，从而使企业始终处于良性循环中，在提高工作效率的同时，又提高了员工的个人素质，使员工与企业共同发展。

实施目标管理，是令企业快速稳定和发展的一大重要举措。

一些成功的公司的运营都有着各自的个性化路径，但有一个共同点是值得关注和肯定的，那就是目标明确。所谓的目标明确，首先就是有别于形式主义目标，清晰不易产生歧义，具体到每个个体都能找到自己的努力方向和实现目标的位置。

通常情况下，企业的愿景和使命中所表现出来的恰恰就是该企业的发展方向与目标，这也是目前备受大环境所认同的科学管理方法。年终岁尾各大企业相继召开战略、总结、计划的会议，都是围绕着企业使命、愿景和目标的。

成立于1990年的李宁公司的企业目标是“进入世界排名前5位体育制造商之列”。对于一家体育制造商而言，李宁的核心目标就是制造，制造一切体育领域的“李宁品牌”。

众所周知，关于“制造”一定离不开原创设计。李宁公司自成立之初就非常重视原创设计，并于1998年成立了服装与鞋产品设计开发中心，这是中国第一家专注于服装与鞋品设计与研发的中心。

谁说科技一定离不开“重金属”？

李宁公司在国内率先自主开发“李宁品牌”服装产品。2008年，美国俄勒冈州波特兰市迎来了李宁集团美国设计中心的正式投入运营，该中心致力于鞋类产品的高端技术研发、人体工学科研和专业运动鞋的设计、开发、测试工作。

李宁公司的创始人李宁，是出生于1963年的奥运体操冠军，他的体操生涯可以用传奇来形容，他创造了世界体操史上的神话，先后摘取14项世界冠军，赢得一百多枚金牌。1988年退役后，李宁以其姓名命名创立了“李宁”运动品牌。

曾有人评价李宁“长着一张生动的脸”，而当李宁品牌深入人心的时候，“李宁品牌”甚至比创始人的那张面孔更为生动。可以说，在中国商界领域，能够清晰透着商业逻辑和战略目标的企业并不多见，但李宁公司算作一个。

在过去很长一段时间里，李宁品牌始终处于市场的一个夹缝中。当时的中国人民正是追求阿迪达斯和耐克的时候，这两个“外来品牌”占据了整个中国的一线城市高端市场。与此同时，在二三线城市的中低端市场又盘踞着安踏、特步、匹克等本土品牌，它们同样吞嚼着李宁品牌的很大市场份额，而且，还以一种绝对具有市场竞争力的“价格”为前锋。

世界上有一种顽强的生命可以“绝处逢生”，就连坚硬的甚至没有任何生长环境可言的石缝之间，也不乏倔强生命的诞生与繁衍。2005年，李宁公司做出了一个令行业内外都为之震撼的决定——进军高端市场。

对李宁公司而言，依靠分销优势产生增长驱动力的时代已经过去了，品牌创新和产品创新将成为下一阶段的竞争关键。从2009年开始到2014年的“五年计划”中，李宁公司的目标就是入世界排名前5位的体育用品制造商之列，成为一个全球性的品牌；而在之后的“10年目标”，李宁这样说：“未来10年，中国每个产业里都会有国际品牌出现，会有人去创造这个历史。对‘李宁’来说，这就是机会。”

机会何尝不是目标，不是方向？而这个方向的存在，不仅界定出了公司的业务范围和标准，有的时候甚至决定了企业的生死存亡。李宁公司能够在每一个历史阶段的大背景之下精准地排除万难，寻找属于公司的目标和战略方向，并在完成当下目标之后继续向着下一个目标努力奋进，这样的话，你永远没有拖延的时间。

拒绝拖延最好的办法，就是立刻行动！

人都有犯懒的时候，有的人在这样舒适的感觉中逐渐沉沦，要做的事放下不做，该努力争取的也留给了以后，这样不负责任的拖延行为甚至比举步不前都令人深恶痛绝。习惯是一个很“可怕”的东西，你习惯了舒适，舒适就让你无法自拔；你习惯了行动，行动就会给你无限希望与动力。很多时候，成功就是跟自己较劲，与自己死磕到底！

当然，我们也需要“停一停”，因为选择需要思考，行动离不开良好思想的指导。每个人做出的每一个选择，都应该有据可依，给自己留有一些思考的空间。但一味地拖延时间，才不是解决问题的方式。如果在“停一停”的过程中，就此安逸不动，不仅要做的事没有做完，还会更加懈怠。

你给自己的拖延行为留有充足的时间，不断放任，未来它就会阻挡你前进。我们有理由相信，前进过程中的短暂驻足都是有一定恰当理由的，但我们也清楚地知道，任何理由都不可能成为拖延的借口。

别傻了，有拖延的时间，该做的事都完成了！

第八章
有坚不可摧的目标，才能不拖延

5分钟搞定？3天搞定？1个月搞定？搞不定？拖着吧！很多人一直拖延，是因为没有一个切实可行的目标，当你有了坚不可摧的目标，并获得达成目标的快感之后，你还会拖延吗？

1. 别盲目，先定一个小目标

很多城市在夏季都会组织一定规模的马拉松赛事。我是一个运动白痴，不知道漫长的马拉松跑下来，到底需要多大的勇气和耐力，又要承受多么沉重的代价。我只知道马拉松是一个大目标，要是有机会去参加这样的竞技赛，我想我会把这么大的目标拆分开来，设立若干个标记，一个标记即为一个小目标。先把小目标逐一攻克，最终的目标也就得以实现了。

毕竟一个硕大的目标，放在谁面前都感觉遥不可及，甚至让人望而却步，然后这个目标就永远定格在记忆里，从未开始过。

当然，我们坚决不能容忍还没朝着目标努力，就宣告自己退场。

日本有一位长跑能手，在一次取得了某赛事的世界冠军后，记者找到他进行采访。记者问他，是什么样的动力使他长跑有如此耐力，进而摘得了世界冠军奖杯。这名长跑运动员直言道："我在比赛前，一定要将赛道的周边环境熟悉再熟悉，整个路程比较有特点的标志物我都会记下来，作为自己长跑中的小目标。"

很荣幸，我能够和长跑冠军有一样的解决方案。我想，很多人都懂得化整为零的道理。

就这样，长跑冠军开跑后的第一个任务就是完成第一个小目标，然后完成第二个、第三个……他把长距离的路程分割成了若干的短途目标，实现小目标总是比完成大目标来得更简单。有了信心，他的实力也就得以充分发挥。

自己设定的目标，首先要看得见，才能够得着。

目标只有看得见，才不会觉得远，才比较容易实现，给予你信心，信心是最好的帮手。看不见的目标难以实现，甚至会威胁生命。

一位准备横渡加州海峡的女运动健将，错误地选择在一个有雾的清晨进行这项挑战。当时雾大到都看不到护送女运动员的船只。仅仅15分钟后，女运动员就精疲力竭，浑身冻得没有知觉。

女运动员深度怀疑自己不能游下去了，回头望去，除了大雾，什么也看不到。通过特殊的设备，女运动员请求回到救生艇上。等大雾散去，大家发现，其实女运动员认为自己精疲力竭的时候，才游了不到800米。

接受记者采访时，女运动员感慨：如果能够看得见陆地，她就能继续坚持下去。

当然，我们有理由相信女运动员的话是发自内心的，而不是吹嘘。她这次之所以失败，正是因为没有方向和目标，盲目前进。由此可见，目标对每一种职业而言都至关重要。

不积跬步，无以至千里。生活中的很多大事，不也都是一件件小事积累出最后的辉煌吗？如果大目标令你望而却步，那么就把它分成小目标，小目标更容易完成。

小飞是一名中学二年级的学生，再有一年就要中考了，届时还会有体育达标考试。由于一直忙于学习文化课，小飞的体能比其他同学差一些。父亲为了帮助儿子加强体能锻炼，把小飞往常每天六点三十分的起床时间改成了五点三十分，半小时的慢跑后，六点开始晨读英语。每天提前一个小时，对于已经习惯了作息时间的小飞来说挺困难的，母亲心疼儿子，就和父亲协商，让孩子六点十五分起床吧。半个月过去了，小飞似乎适应了现在的作息时间，母亲再次出面要求小飞，应该信守承诺将时间改为六点起床。此时六点对于小飞来说，不就是比以往提前15分钟吗，这太简单了。

就这样，两个月的时间过去了，小飞也顺利地在5:30起床了。或许你会感叹：这母亲真是聪明，硬生生地把小飞绕进了套路里。

小飞母亲的聪明是显而易见的，循序渐进地向前推进往往不易被察觉和抵触。还记得国外的一个心理学实验吗？将一只青蛙放在凉水中，再将水逐渐加热，逐渐升高的水温让青蛙不易察觉，最终青蛙烫死在热水里。另一个实验是把青蛙直接丢进滚烫的开水中，青蛙被烫得一下子蹦了出来，逃脱了劫难。

实验证明，不易被发现的渐进式变化，比突如其来的变化更容易让人接受。

我们再来说一个实验：心理学家找了三组人，分别向9千米以外的三个村子出发。第一组人得到的指令很模糊，也找不到任何的信息，他们不知道要去的村庄叫什么名字，也不知道路途有多远，只是被告知一直跟着向导走就好。第二组人知道目的村庄的名字，却不知道路程有多远，行走的路两侧也没有里程碑做标记，只能凭借经验和记忆来判断距离。第三组人知道村庄的名字，也知道路程有多远，而且心理学家还在道路两侧每一千米的位置放了里程碑。

最终的结果是，第一组人走出两千多米的路程就开始怨天怨地，走到总路程一半的时候开始有人暴躁，有人懈怠，有人不愿意继续前行，越往后走，越多的人情绪低落。第二组的人走到一半时，开始迫切想要知道自己走了多远，有经验的人说大约走了一半的行程，接着大家继续前行，可还没有到达终点，一部分人已经疲惫不堪。有经验的人鼓励大家："就要到了，再坚持坚持。"可倒下休息的人根本不愿意再站起来往前走。第三组人因为目标明确，还有阶段性的小目标帮衬着，得以在欢声笑语中完成任务。

可见，如果人们的行动有明确的目标，不断将行动与目标进行对照，他们就清楚地知道自己与目标之间的距离，行动的动机就会得到加强，自觉地克服一切困难，努力实现目标。缺乏目标的第一组和第二组，结果就是各种原因和程度的拖延，直至失败。

2. 一次专心做好一件事

有一天，同事自我感慨：中国在不知不觉间就强大起来，也不知道是别的国家都退步了，还是中国强大的速度太过惊人，好像也就一眨眼的工夫，在科技、医学、制造等领域的成绩就遥遥领先了。

对于同事的这一番感慨，我倒是认为，中国的强大是有目共睹的，是因坚持一次只做好一件事。当别的国家金融、贸易、政治一把抓的时候，中国以政治为纲，以金融为本，狠抓经济。当别的国家全部依托高科技进行电子产业研发和制造的时候，中国注重产品研发的同时更注重用户的体验。就像美国的苹果与中国的华为，任正非从来都没有恐惧过苹果，他无数次强调，华为贵在只坚持做好一件事。

是的，只有专注做一件事的时候，才能将更多的精力投到事情当中，才能将这件事做好和做到最好。

我们都知道，任正非是在43岁的时候才开始走上创业之路的，一个不惑之年的平凡男子，一没有权，二没有钱，却一手将一家普通公司摇身一变，成了震惊世界的科技王国。

2018年世界财富五百强企业中，华为名列72位。然而，华为并不仅仅是“世界500强公司”，它总能在拐点之处给国人创造出奇迹。遇到困难也好，遭到诽谤也罢，华为的当家人任正非说：“把做的事看成有灵性的生命体！”所以，华为成长为一个时代的旗帜，坚定，踏实，精益求精。

成功者的成功，并不是因为他们的天资高人一等，而是他们付出了超乎于常人的坚持和努力。最终令他们脱颖而出的不是异禀的天赋，而是持之以恒的精神。不是所有的人都是任正非，也不是所有人的成功都叫“华为”。

可能作为职场小白的我们，不能一辈子只专注做好一件事，但我们可以一次只做一件事，将全部的精力用在一处。如果将这一处努力放大，那么你会发现你的失误减少了，精准率更高了，成功变得不再遥不可及。

张岩是一所乡镇中学初三的班主任，没有名校毕业的光环，没有显赫的家庭背景，没有稠密的社会关系网的他，尽管毕业之际的成绩十分突出，但现实的社会还是让他的职业选择有些高不成低不就。最后，这个坚强的大男孩终于收到了一所乡镇初级中学抛给他的橄榄枝。从最初的一名代课教师，到出类拔萃的省级骨干教师，张岩只用了三年的时间。三年之后的他，除了成为一位正式教师之外，还成了一位演讲达人，他的听众都是和他一样的人民教师。

每一次巡讲，张岩遇到最多的问题就是如何用最短的时间取得成功。对此，张岩坦诚地表示，他还不能算作成功者，充其量只是一个努力做事的，达成了阶段性小目标的奋斗者之一。张岩说，他最大的财富就是自己有目标、有信心、懂得坚持，而这些“财富”实际上又最为“廉价”，是每一个人都拥有却吝啬到总也不舍得使用的“本钱”。

最初，张岩来到学校之后有过短暂的“后悔”期，他当时还只是代课教师，工资待遇我们暂且不说，就从满身的抱负难以挥洒的教师情结来说，张岩确实觉得挺委屈的。但即便心有不甘，张岩从来不会因为个人的小情绪而影响到自己的本职工作。

当别的老师只忙于45分钟的课堂时间，课下的时间要么吃喝玩乐，要么想着参加个国考、省考扭转自己现在的尴尬局面时，张岩在上课时间倾心付出，在课下精心备课。纵使当时的自己没有机会教主科，他也没有丝毫懈怠。

机遇从来都是偏爱有准备的人的，当机会来到张岩身边，他可以不费吹灰之力就牢牢把握住。成功的面前，从来都不缺少积极主动的奋斗者，因为机遇不是被动赠予，而是主动出击才能获得。

在他成功的众多因素中，最为关键的一个就是持之以恒地专注做事。张岩也被问到过，未来的他会不会选择从事其他行业，凭借他做事的精神，相信在任何领域都能有他发展的空间。然而张岩的回复却令提问者失望。

张岩说，他不会选择去其他领域奋斗，他热爱三尺讲台。他是一名普普通通的人民教师，对于这份职业，他除了热爱之外，不会受更多的外来因素影响。而且，他认为自己只能在一个选择上做好一件事，如果让他去从事另外的事业，他一定做不到这么专注和专业。

与张岩一样从师范院校毕业的阿娟，可就没有张岩那般幸运地走上教师岗位了，她像很多大学毕业生遭遇的尴尬境地一样，两年内她辗转多家企业，总是对工作提不起兴趣，渐渐地，对工作没有了热忱，甚至开始有些抑郁，再后来她不得不去和心理咨询师聊聊天。

原来，阿娟在毕业之初，还是一个热情洋溢的青年，工作也蛮积极的。通常，领导交代她做的事情，她总能最快做完，而且还是一起办完好几件事。但很多事情，并不是你积极主动和办事迅速就一定会有高效率。因为同时要做好几件紧要的事，阿娟很多工作完成时，都存在不少失误和瑕疵。久而久之，领导批评她，同事也误解她。

阿娟始终认为，以自己的能力可以同时应付很多事情，领导和同事不认同她，完全是出于对自己的羡慕和嫉妒。此处不留爷，自有留爷处。就这样，阿娟跳槽如同换衣服一样勤快。

很多年过去了，阿娟似乎习惯了频繁地更换工作，可是，这样的结果导向就是，根本没有一家大型的正规企业愿意聘用这样一个频繁跳槽的员工，无论她多么有自信。

渐渐地，阿娟越来越失意，她不明白自己的工作效率那么高，别人一天办好一件事就不错了，而她可以一天做完十几件事，甚至更多，为什么企业的领导看不到她的成绩呢?

直到阿娟去心理咨询，她才恍然大悟，这一切都是自己一直以来做事不够专心导致的恶果。职场并不是理想化的舞台，它不容许有任何失误与怠慢。你认为的能者多劳和“分心术”，往往给你带来的结果就是“分心输”。因为同时做两件事或更多的事情，很难做到每一件事都专心致志，也很难保证每件事都不出错。只有每一件事做到最好才是最重要的，这也是职场的生存法则。

如意是同事们公认的“慢性子”，因为不管领导给她下达的工作任务有多么紧急，她总能以一副“无关紧要”的态度示人。但是，在如意的心里，这件事真的就是无关紧要的吗?

当然不是了，如意的工作效率从来都是部门中最高的，她也不是纯粹的“慢性子”，因为她成功完成的工作量是同岗位其他同事的数倍。如意的“秘诀”就是，她会将领导下达的工作分成四类：紧急且重要的，紧急但不重要的，不紧急但重要的，不紧急也不重要的。即使是领导临时加进来的工作，如意也要让这个“加塞”的工作跟着类别走。与此同时，如意还有写工作日志的习惯，每做一个工作，她都会将该工作的进展和完成情况简要记录下来，这样，当紧急且重要的事情“加塞”进来之后，也不会影响之前做的现在要临时暂停的工作之后的进展。

职场上，谁也不能保证没有突发的情况和临时的变化，任何人面对突如其来的状况，可能都会难以应对。所以，做好准备和计划就显得很重要。没有谁可以高调地说自己可以同时完成几件事，即使在数量上完成了，但质量上谁又敢保证全部合格呢？相反，一次只做一件事，才有可能做好。

人的精力是有限的，心也只有一颗，倘若强行分成几份，那每一份都是不完整的。不完整的心，又怎能做出完满的事情？

一次只做一件事，不仅可以让自己全身心地投入其中，事半功倍，而且更能激发出人的潜能，摒除杂念才能专注于出精品。倘若好高骛远、见异思迁，什么事情都想着一把抓，到头来恐怕就是两手空空、一无所获了。

那些在工作岗位上做得突出和精彩的人，可能没有你聪明、能干，他们却懂得专心做好一件事，而且做到不拖延。单从这做好的一件事上看，其实做好它并不难，只要你对它足够专注，不拖延。

3. 既定的目标不是一成不变的

工作要有目标，人生亦离不开目标。为了实现目标，我们不断为之努力再努力。然而很多时候，我们发现努力坚持到最后的未必最适合，中途放下的极有可能是我们最想要的结果。

为什么？为什么一直坚持，有那么多完美的策划，最终还是未能实现目标？即使你做的策略再精准，也要在市场环境下不断完善；你定的目标再可行，随着任务的进展也要做出合理改变。

张翰是某品牌公司的策划总监，策划过几个大型活动，为很多商家创造了福利。然而很多年过去了，当初他带过的团队成员一个个成长起来，不说称霸一方，至少在业界小有名气。而张翰已经越来越少有人知道他是谁了。

一次和“徒弟”们聚餐，酒过三巡，不胜酒量的小赵借着酒劲儿对张翰说：“翰哥，你策划了这么多年，有没有为自己策划策划？”

张翰遇到困难时，想着自己有身份，有资历，不应该自己去解决这些小事，于是就选择了拖延，拖着拖着小事就变成了大事，更不好解决。可他还是选择遮遮掩掩、拖拖拉拉，然后离自己既定的目标越来越远。

目标需要随着时间改变，这一点张翰是知道的。十年前他从一家中型企业跳槽到创业公司，就为公司写了十年发展规划。说实在的，这个规划很宏观，也很长远，可随着发展，企业遇到越来越现实的问题，这是张翰未曾想到过的。

其实，发生在我们生活中、工作上的意外无处不在，小意外总能给人带来惊喜和动力，但大意外若视而不见，恐怕威胁的就不仅仅是企业的生存寿命这么简单了。

创业公司给张翰的薪酬是他以往薪酬的三倍之多，大概是这样的高薪暂时麻痹了张翰，让他一时之间忘却了任何事情都不可能一蹴而就的道理。

一位特别崇拜比尔·盖茨的美国商人，想要成为世界首富，这个梦想一直激励着他，也自然而然地成了他的奋斗目标。只是这个目标似乎有点儿大，很难在短时间内实现。这位美国商人确实有经商的头脑，也能在设立目标之后向着目标而努力，但其努力时没有制订具体的方案。

要知道，拥有比尔·盖茨那样的财富，这个目标不是说实现就能实现的。成为像他一样的世界首富，着实是一个大目标。就像马拉松长跑一样，硕大的目标摆在我们眼前，或许你最初的意志是坚定的，坚定到让你很轻易地就忽略困难并顺利解决一些小问题。但随着前进的过程，当问题和障碍越来越多，你的身心开始疲惫。

目标就在那里，你也没有放弃前进，可遥不可及的距离让你不知道还要付出多少才能得到那份成功的满足感。于是你有了惰性，障碍出现的时候，你首先想到的就是逃避。也许你能顺利躲过这个障碍，那下一个障碍呢？你始终在绕着障碍走，这让你与当初设定的大目标渐行渐远，那么大目标会变得越来越模糊。

很多年过去了，这位美国商人的社会地位依旧如初，他的财富甚至与当初设定目标时期没有什么变化。倘若他能把这个大目标分解成一些更好实现的小目标，即便今天的他依旧没有比尔·盖茨那么多的财富，至少也会前进一些，实现前面和再前面的那些小目标，不至于原地踏步。

有一个从中国偏远山区走出来的大男孩，他最大的梦想就是开像肯德基一样的连锁店。对于一个没有背景、学历、财富和经验的年轻人来说，这样的梦想太大了。男孩也知道自己不可能一下子实现，于是将目标科学地进行分解，依据自己的实际能力、社会竞争现状和市场环境的需求，他先开了一家店，经营模式得到实际验证后，又开了第二家分店。

结合第二家店与第一家店的选址不同、用餐人员层次及年龄结构的不同，年轻人对第二个小目标进行了实时修改，以符合当下社会环境。很快年轻人又开了第三家、第四家店……每一家连锁店都有相同之处，却也有不同之处。当他的连锁店开满了10家后，他再一次修改了自己的目标，将“开满一百家连锁店”的目标从国内扩展为亚洲区域。

是的，再大的目标也都可以分成若干个更容易实现的小目标，每个阶段的小目标在支撑大目标实现的前提下，也是存在不断修改与完善的必要的。当然，我们在修改目标的同时，目标也在更远处等待我们进步。你会发现，当初的大目标离你越来越近时，眼前的小目标也在一个接一个地被你收入囊中。同时，随着修改与完善，你的每一个小目标都更有含金量，把它们重新组合，甚至比当初的大目标更有价值。

对于这位大山里走出来的年轻人而言，也许开像肯德基一样的连锁餐厅是天方夜谭，但他何尝不是在朝着这样的愿望，一步一步地努力实现呢?

所以，成功是要分步骤的。一个伟大的目标必须依靠一个个小目标的实现，才能最终实现。目标设定乃至分解后，也需要随时调整自己的目标，使自己不断向更高的目标前进!

第九章
做好时间管理，避免拖延陷阱

明日复明日，明日何其多？只有做好时间管理，你才能成为时间的操控者，才能高效地工作，摆脱拖延带来的危害。

1. 明明胸怀大志，却虚度光阴

温水煮青蛙这件事是可悲的，青蛙意识不到自己身处温水是一件危险万分的事，于是它安逸地在终至沸腾的水中等来了死亡。这个过程于青蛙来说并不可怕，因为无知所以无畏。

人生最可悲的事情，莫过于明明胸怀大志，却又虚度光阴。明日复明日，明日何其多。但又很难摆脱现在的慵懒状态，你觉得自己不够聪明，但还是不想学习；你觉得自己学历不高，可又没有耐心利用业余继续深造；你对自己不满意的地方很明确，但又自我安慰今天好好玩儿，明天再加油。有些事情还是需要落到现实中的，如果深知路遥，即刻出发才是你应该做的。

因为出差途中脚踝骨折，月芽不得不公休在家，所谓伤筋动骨一百天。同事来探望月芽，开玩笑宽慰她："这下你可以好好放松贴秋膘了！老板不催，薪水不扣，岗位给你保留着……"好像人人都羡慕骨折的她。月芽却摇着头、撇着嘴说："哪能那么轻松，时间不全浪费了吗？我预备利用休假的时间好好背背英语单词，这次出差跟在老板身边全靠翻译软件，感到十分挫败！"

她的计划很完美，执行却有偏差，闲来无事的时候，总觉得自己的时间很多，肯定够用。月芽这个从不迷网刷的姑娘摆弄起手机来，一点儿不比那些游戏迷差。一周过去了，月芽虽然眼看着单词本，但就是提不起兴致，一翻开就好像打了镇静剂一样睁不开眼，就在这时月芽发现了“抖音”APP，这一刷两小时都停不下来。在病房里她怕吵到病友，戴上耳机刷得自己偷偷乐或者悄悄流眼泪。

出院后，她更是在睡不着的时候刷起了短视频，这样一来，不但没有背单词，反而夜里睡不够，白天要补觉，骨折虽然渐好，她的精神却越来越差。一个半月后，临近要上班时，她看着自己还一瘸一拐的左腿，想起休假之初的计划，真想时间再“重来一次”，她一定会按照计划好好背完一千个单词……

你有没有把自己近期想要完成的计划列出任务表，包括工作和日常自修的小节？身在职场的人超过半数都有过这个举动，但是真正照着计划这样做下来的，人数却剩下不到一成。有些人甚至更像是一种心血来潮，信手拈来的计划像是个体日记，写了就写了，根本没有行动。细究原因，不是自己不会，不是这些事有多难，而是因为他们不想去做，感觉自己没有时间。于是，他们就用无限多的理由来拖延事情，自己的拖延症不知不觉间更加严重。

细数拖延症形成的原因，你中招了吗？

1. 心情不好

我们不得不承认，情绪这种看不见摸不着的东西，在很不可思议地影响着我们做出行动的意愿。于是，人们给了自己的拖延症找了一种似乎辩驳不了的理由——我现在没有心情做这件事。而研究也表明，一个人越容易受到情绪影响，他的行为就越有可能拖延，越是拖延，他的情绪越是不佳。

导致自己心情不好的，还有可能是人们过多感受到的焦虑与抑郁，这两者也是被公认与拖延最为相关的情绪。研究拖延行为的心理学教授蒂莫西·威尔逊认为：知道“有一件重要任务在等着自己去完成”，很容易让人产生一种焦虑感。不仅如此，预想任务的结果带有不确定性，也会让人感到紧张不安。于是人们本能地回避或者用转移注意力的方式“逃开”任务，这样随之而来的不安也就不存在了，这种荒唐的自我保护无异于“掩耳盗铃”。

另外，性格过于内向、情绪悲观低落的人，会本能地对任何事抱有一种悲观的态度，在他们的头脑中，积极而兴奋地完成一件事情是一件极累的事。所以，他们难以对日常事情提起兴致，没办法集中注意力，不想行动，心情也更加糟糕，一度令自己苦不堪言。

2. 害怕因为成功而倍受期待

你可能不理解，有些人患有拖延症，居然是因为害怕成功。“能者多劳”这句话害惨了多少职场的有志青年，仿佛因为他们能力出众，所以早早地完成任务，干净利落地交工是一件再平常不过的事。如果这类人没有给人们带来“意外的惊喜”，那就是一种不达标。他们因为成功、出色，而被过度期待，被赋予更多的任务、责任和压力，导致那些明明很积极的人往往不得不慢下来，开始拖延。害怕成功的人，其实害怕的是成功后来自他人的期待。他们认为自己其实无法满足那些期待，或者是即便自己能满足，对于自己来说也是太过辛苦的事。

3. 害怕失败

慢一点儿完成，不好的结果就会来得晚一些。面对结果是一件需要勇气的事，有些人不得不面对失败的结果，总结自己的弱点和失败的缘由。坦白说这确实不是一件让人兴奋的事，所以绝大多数人选择回避，也就是通过拖延让结果来得再晚一些。有些人还会抱着一种微弱的积极感，信奉“完美的演出来自于充分的准备”，所以他们拖延的目的也是想等自己准备得更充分时，再开始着手完成任务，以为这样也许一切就会不一样……

4. 其他原因

兴趣是最好的老师，如果一个任务令你感到愉悦，那么你完成的主动性就会大大提高。如果任务本身含有令你厌恶的因素，则有可能影响你的效率，甚至布置任务的领导是否被你认可，都直接关系到你完成任务的质量。

这好比上学时叛逆期的孩子，如果喜欢一位任课老师，不单完成作业的积极性会很高，就连作业本都要挑最好看的上交；但如果讨厌一位老师，宁可顶着被罚的后果，也会拒绝上交作业。虽然成人会约束自己的行为，但他们还有这种心理。

在飞速发展的时代，只有让你的行动力提高，你才能让拖延症从你的世界里离开，取得成功。

2.有没有想过时间都去哪儿了？

越来越多的人都要问上一句：时间都去哪儿了？好像时间不够用也是一种时尚，如果你没有抱怨一句没时间，好像是自己不够忙或者存在感不够强，所以有一小部分人是反向证明自己的社会存在感。但还有一部分人，临近一年的尾声时嘶吼一句：时间都去哪儿了？显然，他们焦灼感爆棚，这不仅因为任务本身很复杂，也因为人们不想却不得不承认的“拖延症”。

我有一个师哥，是家里的独苗，大学毕业后他虽然也有谈恋爱，可就是迟迟不结婚。他说先成家后立业这种说法简直荒唐，于是一直想等到出人头地那一天再谈婚姻大事。家里老人左思右盼等着儿子让自己抱孙子那天，可师哥就是拖着。

在2015年春节时，师哥的父亲因为意外过世，按照当地风俗，师哥要么在一个月之内完婚，要么得等三年之后才能结婚。他妈妈让他做决定，这次他却丝毫没有拖延，如朋友们预料的一样，他选择了三年之后结婚。他妈妈又恨又气地说道：“你把你爸拖死了，现在是要把我再拖死！”其实从父母的角度来看，对师哥的要求不算严苛，毕竟2016年他就40岁了。

类似这种逼婚的故事，每年在大江南北都要上演无数次，春节回家最怕被问的就是事业发展和对象进展，是全国青年的共鸣。人们用各种各样的说辞作为这件事没有完成的理由，但终归无非是拖延。

虽然这个例子有些特别，但如果深度去思考，也是因为自己的计划不够好，效率不高，导致不能完成任务，所以不得不拖延。这其中的“不得不”，是否真的是不得已，还是因为拖延导致的，是值得我们思考的。

在拖延症中，有一种假性拖延，即拖延的借口和理由极为引起人们共鸣，也容易得到宽容，这在人生大事上颇为多见。比如上述的婚姻，还有住房以及事业问题等，没有达到自己的预期，但一解释总有诸多看起来“确实是这么回事”的理由，这能够让当事人相对容易得到大家的理解。从大众的角度来看，这件事确实不能全怪你、这件事确实不怎么好办的心理共鸣掩盖了“拖延的本质”。

你要相信，所有不能完成的结果，探究其原因，抛开天灾人祸，都是可以为之一搏以定输赢的。但是你不搏，就注定是不好的结果，这并不奇怪，而且在看似可以宽容的表面下，隐藏着你并不愿意被揭穿的心思，毕竟其中的困难指数因为主观的拖延症成倍往上涨，长此以往，习惯成自然，假象只能让你荒度自己的光阴。

在现代公司管理中，管理者一般都是一路从基层摸爬滚打，深谙各岗位心理的“过来人”。与其听你完美的计划，他们更愿意强调“先完成”，这句话是针对拖延症最无奈，听起来粗糙，但执行起来强硬的管理条例。

万达集团的分公司众多，老板王健林不可能亲力亲为参与到每一家分公司的经营过程中，但是管理不容忽略。每年前两季度一过，下半年就要召开明年的工作计划，每个职能者所管辖的部门要上报下一年度的计划。在这份计划里，要详细分化到季度，再由季度到月度，由月度到天，由天到重点事件的预计安排，并经过大会讨论修订，最终执行。

管理者并不一定要天天坐镇办公室，只需要看到周报、月总结，就知道执行的过程有没有按计划行事，一旦出现纰漏也会及时沟通修正。所以王健林并非要亲临每一家分公司，但是只要他想，轻轻松松就能知道公司的运营情况。

这是一个关于拖延症的反向实例。任何公司的有力管理，都是因为曾经在这个问题上深受其害，所以他们进行反思、商讨，最后总结出科学方法。人性内心皆有奴性，指着让人们主动去做计划，然后按其执行，高效地完成，只能激励执行者一阵子，却难以形成良好的长期模式，也就很难推动公司发展。有太多公司月初听汇报时，职能领导的计划排得十分充实，领导满意地点头，却在交付结果时引起争议，借口颇多，所有的原因都是客观因素，很少有主观因素，其实这是职场司空见惯的形式主义，必须要科学管理。

时间都去哪儿了？时间在你美好期待的时刻悄悄地从指缝中溜走了，它真正远走时，你会抓狂，感到焦虑和不安，与其先甜后苦，人们应该更有理由选择先苦而后甜，所以放弃拖延吧！

3. 别小看碎片化时间

上帝是公平的，它给予每个人的时间都是一天24小时，可为什么我们总能发现，在一样的时间里，一些人做完了该做的事后，还有剩余的时间，而一些人忙忙活活地也没做完同样的事？也许你会说每个人的能力不同，这是其中一个原因，但更重要的原因是，前者懂得有效利用时间，包括零碎的时间；而后者则拖延成性，时间在他们的手里溜走得越来越多。

和孟孟交往的过程中，听说她自幼喜欢画画，但是小时候家庭条件有限，没能实现愿望。“现在年过30岁了，更是没有机会实现当初的梦想。”看着朋友的素描画，孟孟轻叹了一句。朋友听后露出惊喜的神色：“你要是现在还想画，我给你拉进我们零基础的绘画群，这个群里都是一些爱好画画的陌生朋友，但是群主是公益教画，只是每周五都要交绘画作品，这个要跟上。”

孟孟听后喜出望外，这样一来，有了零基础开始的机会，大家都是菜鸟成长起来的，也不会笑话她，更不用交学费，怎么算都是一件令人高兴的事。于是，她被朋友拉进了群，也看到了群公告：改昵称，不发广告，按时交作业。

每周三语音教课，群主的每一条语音孟孟都听得很仔细，她准备好素描纸和铅笔，还特意买了画板，像模像样地支起来，这一切令她有些兴奋。第一堂课结束后，她按照老师的布置完成苹果的轮廓练习，再发到群中，等待老师给予点评和指导。看到一百多人的群里，大家各自发着自己的作品，然后被指导，她十分认真。

然而时间一天天过去，她周三下班接完孩子后，要急急忙忙地做饭，不能像往常一样享受一顿安逸的晚餐，而是要打开手机微信，听取一条条语音，还要在周五交作业，觉得有些麻烦。她从最初的当晚完成画作，到周四完成，到最后的周五完成，甚至有时候还要请假延迟。渐渐地，画画这件事已经不是孟孟生活中的美丽之处，只要一到周三，她就会皱眉，想起还要被留作业，她甚至有点苦恼，后悔进了群。可是朋友的一番好意，她要退群也很尴尬。

孟孟再看自己的朋友，和自己同样是私企财务岗位，每周三听完课，周四准备上交作业，随着日子一天一天过去，绘画水平进步了不少，她乐在其中。孟孟翻开她的朋友圈，这个周五的晚上，朋友和朋友的老公带着孩子一起去家庭聚餐，生活过得多姿多彩，而她除了眼前的作业没有完成，还有水池的碗没有洗，工作上的PPT也还差很多。最后，她不得不和朋友沟通，向群主道谢又道歉后主动退了群。孟孟一下子感觉轻松了不少，然而这种轻松感也只持续了两周，之后她开始觉得，即便没有画画这件事，她的周三依然过得不怎么愉快，总是觉得有很多做不完的事。

同样的事情，有人哼着歌做得毫不费力，有的人累得满头大汗，结果却不尽如人意，还不知道为什么。其实原因恰恰藏在那些看不见的时间里。朋友在听课，孟孟接了个电话后又接着听，落下一截，事后又回头补听；朋友当晚就着手完成作业，孟孟当晚看了集电视剧……总有一些你开小差的时候，别人实打实地做着自己的事情。总有一些你认为不过5分钟的时间，不能怎样的时候，就被同行的人赶超了。伟大的生物学家达尔文也曾说："我从来不认为半小时的时间是微不足道的。"

著名数学家苏步青教授说过这样的一段话："我把整段时间称为'整匹布'，把点滴时间称为'零星布'，做衣服有整料固然好，整料不够就尽量用上'零星布'，天天二三十分钟，加起来，就能由短变长，派上大用场。"

当你出现时间危机的时候，如果会利用"零星布"，学会抓住5分钟、10分钟的时间，那么你遇到的时间危机就能在一定程度上得到缓和，这好比越努力越幸福的有利循环。你越是能抓住碎片时间，越是能够掌控大把的时间，彻底赶走时间危机。那么，如何将手里的碎片化时间化零为整呢?

1. 嵌入式技巧

时间是固定的，但是时间里的内容是有弹性的。在空余的零碎时间里加进充实的内容，就是你较之前的最大进步。人们由一种活动转为另一种活动时，中间会留下小段空白地带，如出差时等车、乘车的时间，会议前的片刻，找人谈话的等候时间等。可以充分利用起这些时间，根据时间的长短做一些有意义的工作。

我们常常会在机场遇到拿着一本书的旅客，飞机上也会为你准备刊物……这些能够填充你的碎片时光，久而久之成了人与人之间的差别。

1849年，恩格斯从意大利的热那亚坐船去英国，船上的旅客大多数在无聊地饮酒作乐，消磨时光，仿佛旅途的时光消费的不是自己的。然而恩格斯却一直待在甲板上，不时地往本子上记录太阳的位置、风向及海潮涨落的情况——他在利用乘船的时机研究航海学。

2. 并列式技巧

善意且积极地一心两用，就是并列式技巧。比如做一些并不需要高度专注的事情时，类似做家务、散步、逛商店，都可以适当地碰撞头脑中的其他灵感，脑力工作者尤为适用。

艾米莉·勃朗特是英国一位女作家，在她年轻时，并没有条件一心一意地忙于创作，因为有很多繁重的工作要做，比如洗衣服、烤面包、做饭等，然而她忙碌时，每次都随身带着铅笔和纸，一边干活一边构思，只要一有灵感，她就立即记下自己的想法。

3. 化零为整式技巧

即利用零碎的时间去坚持做一件事，比如将每天的碎片时间利用起来读一篇文章，背10个单词……久而久之，你一定会有所突破。

美国管理学家杜拉克在他的《有效的管理》一书中提出善于将零碎时间集中为一个整数是领导者赢得时间的一个诀窍。涓涓细流汇入江河时的壮观想必人人都会震撼，不要忽略零碎时间的力量，它积少成多带给你的也许会令你惊喜又惊叹。

所以当人们羡慕那些能够在时光中来去自如、游刃有余的高手时，不妨低头反思一下，自己是如何利用同等时间的，他们真的多了“5分钟”吗？这显然不可能，他们只是更懂得节省一个又一个的5分钟，而你还不懂关于这5分钟的意义，甚至有恃无恐地任时光来去。

关于节省和浪费，关于收获和得到，也不是一朝一夕所能促成的。认真地活在当下，不拖延，珍惜自己的时间，让每一分努力的成果像蝴蝶效应一样。

4. 别给浪费时间找借口

你耽误了时间，时间就拖延了你。

上学的时候，老师最常跟我们讲的一句话就是，不是让你们抓紧每一分钟的时间去学习，而是要抓紧学习过程中的每一分钟。同样地，职场之中，也不是让我们24小时的每一分钟都认真对待工作，而是要在工作的8小时中，认真对待每一分钟。

无论是作为学习上的“过来人”，还是“过程中人”，我们都会看到一种同学，玩的时候好像总能看到他的身影，可学习的时候他的效率谁都比不上。苗森是出了名的学习奇才，老师们都喜欢他，也都会批他两句，他脸红着听着，然后“据理力争”。

苗森喜欢足球，不论是课间，还是赛场上，他都很认真地踢足球，跑起来挥汗如雨。看他对踢球那股狂热的情形好像从来不懂踢球之外的世界。他妈妈抱怨，鞋子一个月踢坏一双，浪费得很。苗森又很特别，他特别爱玩儿，但是学习的时候又像钻进了书里，古文的自由背诵时间，老师叫他名字他居然没听见，课任老师走到他跟前，敲敲桌子：“溜号了？”

“背着呢！”他回答。

“结果呢？”老师故意追问。

“好像差不多了。”说着他站起来，一本正经地背了起来，离任课老师布置背诵作业才过去了15分钟，别的同学还在冥思苦想，反复研究上下文的联系，还有人趴在桌子上眯眼睛睡觉，选择放弃。但是苗森这个时候确实是一字一句地都背下来了。老师笑了笑：“怎么这么快？”

他不好意思地捏脸说：“就是背啊，您叫我，我都没听到。”

事实上，这样的孩子在学业生涯中有一小部分，他们的特点是干什么像什么，绝不耽误一分钟，抓紧每分每秒，赶快完成眼前的事。有这种超强的意念支撑着，目标之外的事情似乎入不了他们的心，也就不能分散精力，他们就能一心扑在眼前这项任务上，直到搞定才放松下来。这点也体现了在他们面对其他事情上，比如爱好，比如集体活动中，他们溜号的可能性极小，所以更能高效地利用时间。

而有一些孩子在写作业的过程中，容易被电视的声音所吸引，或者觉得肚子饿了停下来吃点儿东西，有时候干脆受不住小伙伴的怂恿，于是放下作业出去玩儿……但结果是在看电视的时候，只要一想起作业还没写完，就心慌；在吃东西的时候，只要一想到作业没做完，美食就没了滋味；和小伙伴玩耍之后，回家的路上腿像灌了铅，于是充满了负面情绪，玩也没玩好，学也没学好！

浙江省理科状元陆文在演讲中曾经说过这么一句话，非常经典："不是抓紧每一分钟学习，而是抓紧学习的每一分钟。"这句话的意思很明确，不是你每天学习24个小时你就一定能学好，而是你可能每天只学习10个小时，甚至8个小时，只要你能保证在这学习的时间中，自己是精力充沛的、专心致志的、富有效率的，就能真正学好。

同样地，成年后的我们走入社会，职场犹如一所更大的学校。我们自己也许正在经历加班的煎熬，下了班不能陪孩子，不能去逛街，不能去约会……我们经常会听到抱怨："烦死了，今天又加班！"然而你的加班真的是高效率的吗？据调查，只有30%的人加班才算是真正的加班，那么其他70%的人呢？

根据科学的建议，很多公司的工作时间都是8小时，人们将一天24小时进行三分，分别用来工作，睡觉和处理生活琐事、进行娱乐等，这在身体体能和精神方面也是合理的。但是在公司你总能遇到这样的同事，上班时间偷偷打电话，聊起来没有20分钟不能挂断电话。明明只是去复印个文件，拿着文件走了，半小时不见回来。去银行办事，但是一去就是一天，说是银行叫号排队，自己也很无奈，于是在这过程中，有与之相关的工作不得不堆积延缓，等到人回来，没有办完的工作却并不能因为时间上的消耗而消失，让同事看起来很忙很累很委屈。

但是这样的同事，压缩起来甚至只要3小时就能完成的工作，他们做了8小时还不止。下了班他们还要加班，公司要付加班费，他自己要付出私人时间，家人要付出陪伴时间，仿佛于谁来说都不是一件划算的事。于是，那70%的加班比例我们知道了缘由，由于自己的时间观念不强，工作效率不高，甚至是有意拖延，所以，超过半数以上的人加班是自己造成的，而并非公司不够人性化。

所以人们需要自检，当我们每天早上到公司之后，应该想想自己所要做的事情都是与工作相关的吗？有多少谈话的内容是聊昨天晚上吃了什么，最近又买了什么衣服，听说某艺人的新闻了没有，甚至有些监管不严的公司会出现早8点已过，仍旧有人边吃早餐边看手机新闻……

这种有意无意的拖延让人一时半会儿进入不了工作的状态，久而久之，养成了一种拖延习惯，而这习惯的背后，也衍生着责任感不强甚至是逃避工作的不良状态。

试想，这样的员工晋升、加薪、被公派学习的概率有多少？如此想来，好事轮不到他头上也就不奇怪了，总是加班也就找到原因了。所以很多时候，不要期待社会或外界改变，要进行自我反思，改变自己，想要的也就会随之而来。

时间上的付出不绝对代表个人努力投入的指数。每天坐在教室里的学生不一定学习成绩优秀，每天加班加点也不能绝对代表你敬业……要从中反向寻找问题，如果抓紧每一秒去做一件事，告别拖延，是否还需要这些延长的时间来补缺？高效投入工作或者学习后，自然也会高质量地度过时光，两相成全。

只有效率高了，我们才能抽出更多的时间来学习和充实自己，去思考更深层次的问题。学会把无效时间变为有效时间，最大限度地利用你所谓的零星时间，在两项工作或者学习过渡的过程中，最大限度地缩短时间。

碎片时间最容易被大家所忽略，仿佛因为有了目的地，这部分时间即使被浪费，人们毫无罪恶感。然而俄国大音乐家柴可夫斯基，每天要一直工作到吃饭时间才停止工作，坚决不会增加等候的零星时间。我们即便不能够达到他的工作效率和精神层次，但至少要向上努力。

在高速发展的现代社会，人们的拖延症绝大部分来自主体，但也有一部分还是人们对于时代飞速的适应能力不够强。显然有相当一部分职业人士宁可拿着本土不可相比的工资，也不愿意选择北上广的职场生活。人们对于高速高效工作的恐惧，来自内心根植的拖延和慵懒。但时代像一面筛网，我们总要改变自己以获得体面生存的能力。

第十章

和拖延症说再见，彻底摆脱拖延带来的危害

终结拖延症对你的干扰，你就再也不用承受那些不必要的、自寻烦恼的拖延行为所带来的痛苦，你的执行力会变强，工作效率也会大大提高，生活水平也会有质的改变！

1. 曾经拖延过又怎样，至少你在做出改变

人们为什么会拖延?

因为拖延是一种本能!

本能？是本能!

生活中，工作上，我们随处可见拖延的现象，就像柴米油盐酱醋茶一样，跟着人们的生活节奏一路前行。如果即将做的事情让你感到了压力，你就会萌生负面情绪，变得越来越拖延，直到最后不能继续再拖了，再糊弄着把任务完成。其实，这样得到的结果你自己都不满意，却宁愿怪罪于事情本身，埋怨这项任务太讨厌，不是自己擅长的等。你的负面情绪越是强烈，你越是抗拒，自然能拖则拖。

有轻度拖延症的人，通常会选择以转移目标的形式，将让自己产生负面情绪的事情抛在脑后，转道去做其他的自己感兴趣却无关紧要的事来消耗时间。比如明天就要交课题报告了，今天他还一个字都没写，却用了一整天的时间在朋友圈刷存在感。

心动不如行动，无论你的设想多么美好，不采取行动，现实就是很骨感。

张裕不算是懒人，跟很多人比起来，他拖延的事情不是很多。甚至关系不是非常亲密的同事都认为张裕的执行力很强，是那种做事有好结果的干练之人。

有一段时间，公司经历了一次规模庞大的人事变动，几个职能部门的高管都发生了不同性质的“位移”。张裕在这样的风口时期顺利上位，成为部门负责人，为此他也是苦苦熬过了八个年头。

领导的提拔，单位的重视，让张裕自我感觉良好。公司给高管提供了专业进修的机会，张裕就在培养列表里。进修结束后，按照惯例参加进修的高管要做分享汇报。其实准备汇报资料的时间很充裕，张裕却总是因为这样那样的事情给耽搁了。

离提交报告的时间还有两周，张裕告诉自己，还有很长一段时间，不在这一时半刻的，先看个电影吧。还有十天的时候，张裕想着怎么着也得行动起来，就做了一个相对详细的计划，还兴致勃勃地按照计划的进度生成了一个甘特图。可真到了着手做的时候，张裕怎么也不能专心，一会儿看小说，一会儿读新闻……过一会儿，他又和同学建个群打麻将，时间就这样一分一秒地过去了，汇报资料他还是一个字没有写。

距离汇报日还有三天，张裕着急了，心里也跟着发慌。那三天他吃住都在单位，绝对称得上是废寝忘食。张裕是技术员出身，研究个代码，写个公式，对他来说都不是难事，唯独纸面功夫实在欠缺，导致简单的汇报在他手里难上加难。

下午六点是最后交汇报的期限，张裕从上午十点就坐在那里琢磨着怎么写，没吃饭，没喝水，也没有受到任何与写汇报无关的事情干扰……最后，张裕还是拖了几小时才完成汇报资料的上交任务。

发送邮件交材料的同时，张裕打开全民K歌的APP，扯着嗓子唱了一首《向天再借五百年》，然后哼着调子去吃夜宵了。

对张裕而言，写汇报材料这件事太过痛苦了，正是他所不擅长的事情。他心里清楚这是一道必答题，可他还是拖延了。他也埋怨自己：要是早点儿写，再难也能保证质量啊，自己怎么能犯懒不动手呢！

有拖延症的人很多，他们都深受其害，因此被一些人“诊断”为绝症。

拖延真是绝症吗？不，拖延并非绝症！

每个人都有自己喜欢做的事情，也会有避而远之、不感兴趣的事，还有介于二者之间谈不上喜欢和讨厌的事情，三类比较，除了喜欢做的事情，另两类事情，可以说“拖延”是它们的常客。拖延会让人忧虑，忧虑会使人失去更多兴趣，使生活黯然失色。

要想拒绝拖延行为，跟拖延症说再见，首先你要放下内心深处的忧虑，然后保持愉悦心情，因为你的快乐生活和成功人生密不可分。

在这个互联网时代，仿佛一不留神，当下的自己就找不到组织了一样。在不经意之间，你会发现各行各业都进入了“互联网+”的领域，如果你还在原地踏步，那就会落后。“互联网+”最大的好处就是不受过多的约束，可以进行自由的信息交换，而且交换的速度很快。

某网络小编在撰写一篇新闻稿的时候，由于连续加班多日，不小心将新闻稿中的40厘米长的刀写成了40米，令网友哄然大笑。有人说这个小编被炒了鱿鱼，有人说她因此成了网红编辑，被某大型企业高薪挖走了。还有人说，小编因为受不了网络质疑，无力承担更大的压力，已经进行多次的心理治疗了。

心理咨询师对此评论：“不同的人在面对同样的问题时，认知不同，其承受能力和处理方式是不同的。心宽的人自然不会在意流言蜚语，而心思缜密的人往往都会小题大做，也为一些妙趣横生之人提供了借题发挥的话题。”

有关“40米大刀”，众网友热情地加以推敲：有人说“40米长刀杀伤力强，劈开一栋楼没毛病”，有人说“40米长刀并不是一个刀在战斗”……不过最经典的莫过于“40米长刀，让你先跑39米”。

我们并不知道引来热议话题的小编到底经历了些什么，有了哪些变故，做了哪些决定。但善良的人们都希望，心大的人再谨慎一些，过分谨慎的人再心宽点儿吧。

心理学巨匠威廉·詹姆士说：“播下一个行动，收获一种习惯；播下一种习惯，收获一种性格；播下一种性格，收获一种命运。”

人类在适应外界大环境的过程中，又在不断地创造出适合自己的小环境，然后用习惯把自己困在自己所创造的环境中。于是，你所不屑的事情开始侵袭你的生活，左右你的习惯，决定你的成败！

可是，我们忽略了，一些人由于担心会失败，从而谨小慎微地做人和做事。原本铿锵有力的掷地有声，一下子就变得轻描淡写的落地无声了，再之后，当你重新想要做当初拒绝做的事情，怕也为时已晚。

小雅结婚8年了，用她的话说：挺过了七年之痒，她应该不会再担心什么了。可是，前不久发生的一件事，还是让她的爱和家庭，在美好的梦幻中石沉大海。

小雅的丈夫是一名整形医生。在拼颜值的互联网时代，整形与微整形的事业可谓蒸蒸日上，小雅丈夫的工资卡也是一番叠过一番。对于丈夫的薪资，小雅从来视而不见，不是她有多么清高，而是小雅认为：这是一个平等的社会，男人赚钱养家是责任，女人勤俭持家是义务。所以小雅从来不花丈夫的钱，也不过问丈夫的钱都花在了什么地方。

这个世界上就是这么令人费解，女人花钱，男人嫌她不懂持家；女人不花钱，他又辗转难眠，认为女人不看重自己，甚至觉得自己在家庭生活中是可有可无的。

其实，小雅并非女强人，在8年的婚姻生活中也是恪守本分，上得厅堂，下得厨房，为的就是希望自己在家庭中的形象，不是花瓶，也不是保姆。然而这般谨小慎微的习惯，却使得他们的婚姻生活日渐衰败。

直到有一天，一通电话扰乱了小雅原本看上去唯美的生活。

打电话的女子自称是丈夫的患者，原本希望这位高富帅的整形医生可以将自己整得像Angelababy，可手术失败了，女子拆下纱布的时刻居然发现，自己的模样与整形医院的某位小护士十分相像，这让她愤怒不已。尽管后来女子得到了赔偿，但她还是问到了小雅的电话，“善”意地提醒她。

小雅为这件事烦闷了很久，想离婚却始终不能下定决心，担心自己以后的生活没有保障，生活从此失了生趣，担心曾经的爱情此生再也无法寻觅……她越是担心，越是拖着不敢做决定，就这样过去了三年。这三年里，曾经阳光的小雅变得消极。她知道这样拖着，自己的婚姻只会与幸福背道而驰，可她就是不甘心，总觉得拖着或许能等到不一样的结果。

后来在一次自由行的途中，小雅终于想明白了。回来后，小雅通过律师拟了一份离婚协议书，她没有提出小护士的事情，却毫无悬念地让丈夫知道了自己离婚的决心。

其实，在这样的婚姻中，小雅并不是唯一的受害人，某种意义上讲，小雅的丈夫也受到了一定程度的伤害。几个月之后，小雅的前夫给她发邮件留言，道出了自己的“委屈”。其实，丈夫与小护士之间没有任何越轨行为，面对小护士的数次骚扰，他总会斩钉截铁地回绝，但不得不承认，小护士那种小鸟依人的模样，也正是他对妻子的奢望。他深爱着妻子，但同时也希望妻子不要将过分的谨小慎微心理带进家庭。这会让他认为自己不是一个男人，甚至没有男人应该有的担当。

正如前夫所言，小雅的谨小慎微是无处不在的。在工作上，在和朋友交往的过程中，小雅总会将自己打扮得特别标致，说话做事不给任何人添麻烦，也不对任何人更好或有敌意。所以小雅没有敌人，却也没有闺密。

生活之中，我们的身边总会遇见像小雅一样，做人、做事都谨小慎微的人。其实，从心理学的角度分析，这类人群往往是内心特别脆弱的，他们小心行事，仅仅是因为他们害怕孤独，害怕被伤害，害怕会失败，害怕自己的付出得不到完满的回报。甚至这样的小心谨慎，让他们很难做出工作上的高业绩，也无法得到好成绩。因为这样过分的小心，他们错过很多的机会。

每一个人都在努力地成长，每一个人成长的过程也都会遇到困难。人生中，总有一些疼痛是必须经历的，也只有疼痛才能带来最清醒的思考。也许你做了一件小小的错事，就会造成朋友的离开，让父母失望，与爱人分手，受到领导的指责。也许你也想做一个内心强大的智者，做刀尖上也可以舞得炫美的主角。也许你经历过跌倒，遭遇过失败，流过血和泪……

所以，你开始怀疑人生，怀疑世界，你开始谨小慎微地活着，生怕一个不小心就失去了好不容易积攒下的青春。然而你却忘了，青春是允许你犯错的，爱人、家人、朋友和同事，不也是不吵不闹就不亲密的吗?

把你的担心、你的忧虑、你的焦灼不安丢在脚下，不要低头，勇敢迈出这一步。你会发现，曾经你拖延着不敢做的很多事情，并没那么难。拖延过又怎样，现在不是开始了吗？

只要你戒掉自己的拖延症，就会发现，你不曾涉猎的领域会使你活得潇洒，带你找到那个无法替代的自己！

2. 情绪掌控，决定你人生的格局

我们常说冲动是魔鬼，尽管这个世界上没有鬼神之说，且冲动也不能颠覆世界的科学观。但不可否认的是，人一旦情绪失控，就极易愤怒。愤怒，会使人在防御的本能面前失去判断力，进而失去自我。

在博弈面前，谁先动怒，谁就输！

肖碧婷是一家公司的董事长助理，那是个人人羡慕的职位，薪酬待遇都很好。在她还没有入职的时候，元老们曾经多次预想：这会是一个什么样的角色，需要他扔在男人堆里不做作，丢在女人群里不矫情。

肖碧婷入职后参加的第一个月总结会，恰逢董事长出差未归，会议由她主持。在尚未摸清公司人员派系之前，肖碧婷似乎显得有些笨拙，大家实在看不出她有什么过人之处，能让董事长从另一个跨国公司高薪聘请过来。比如，会议上人事主管总结本月部门工作时说演讲比赛第一名和第二名的分数只差了0.008分，而第二名和第三名的分数也只有两分之差，大奖只有一个，这样的赛事还是非常激动人心的，能够唤醒更多人的竞争欲，让更多员工拥有奋进精神……话音未落，肖碧婷打断人事主管的汇报，用着几乎是下达命令的口吻说："以后的演讲比赛奖品设置三个，这样前三名都有奖品。如果觉得总费用会超出预算，那就把第一名的奖品费用拿出来分成三个奖项进行奖励……"

董事长助理的话还没说完，财务总监坐不住了："你这个决定不成立，你说的建议我们以前都提过，但是董事长认为，只有设立一个大奖，才能够激发员工们的竞争意识，否则人人有奖就像大锅饭一样，很难让全员都热情参与其中。而且，奖品若不能吸引人（指奖品的价格下调后），恐怕参与性和目的性也会大打折扣！"

在此之前，人事主管和财务总监两个人曾经是死对头，但在今天的会议桌上，他们二人的关系却在另一个人出现后缓和了许多。

而其他没有发言的人，估计也都不知道如何开口了，就这样静止了几秒钟，大家看着面前董事长助理的脸一会儿青一会儿红的，以为会有一场激烈的争执。令大家没想到的是，初来乍到的肖助理平复了一下心情，平静地岔开话题："说到奖品的问题，我记得咱们公司每年的年中和岁末会有两次子弟学校的慰问活动，慰问品大家有什么建议吗？"

这次会议，或者说肖助理来到公司后的每一次会议，都由原来的无限延时变更为计时会议。比如总结会，各部门的负责人只有5分钟的时间用来汇报本部门当月的主要工作，琐碎的事不在会议上做汇报，若需要讨论和其他部门配合的事，则需待所有人汇报后统一研讨。

除此之外，公司举办的每个活动，无论是哪一个部门发起的，都要将活动的流程细化到每个人身上，并由董事会统一监督落实。这一系列的工作细化着实让那些元老们感到吃力，毕竟曾经不需要动脑，只要伸出手指和动动嘴唇就能解决的事，现在都要做各种各样的细化方案，还要按照规定时间表行动，让有着“养老”心思的老员工不得不绷起神经，认真工作。

显然，这些做法是正规且必要的，是一个企业发展过程中，一定要存在并且坚定执行下去的举措，但在职场上，但凡涉及利益的事就会有矛盾，继而发生争论……

值得称道的是，肖碧婷没有和任何老员工、新员工发生过争吵，无论她对事件本身是认同还是不认同，她始终保持微笑和静默。相反，公司中其他人在利益和观念发生争论时，往往会上演各式各样的博弈。单纯点儿的是会议中的争论，复杂点儿就会涉及部门之间工作不配合，心里各自打着算盘。

就在所有人都习惯了肖碧婷的和颜悦色时，她却在一次争论中“失态”了，甚至谩骂当事人“脑子里装满了狗屎”。这样的局面一定是双方存在严重的意见分歧，只不过，这一次是当事人选择了一笑而过，倒是董事长助理肖碧婷动怒了。

肖碧婷心中始终坚守的“一生气就会吃亏”的理念，在这一刻终于坍塌了。因为她的角色不允许她有丝毫的失误，然而那一次与人产生的分歧和她的失控，导致判断错误，最终使得公司在重要的战略布局中损失惨重。入职不到一年的董事长助理，纵然在公司的发展方面有汗马功劳，但功亏一篑的结果往往就会出其不意地横在面前，令人寸步难行。

董事长在责备肖碧婷的时候，认真地告诫她，一个人犯的错误再多，若只是影响自己而未威慑集体和公众，那么都可以原谅。但一个从未犯过小错，犯一次错误就是无法弥补的大错的人，是没有被原谅的机会的。或许当时的肖碧婷想要为自己再争取一下，激动地反驳了几句；又或许她不认同董事长的论断，有些失态地怒斥了几句，最后扔下一句“我不干了”，就收拾东西离开了自己曾经热忱奋斗的职场。

冲动是可怕的，人在愤怒之时的情绪不受自我掌控，一不留神就可能说出不该说的话，做出不该做的决定，导致的结果必然难以想象。或失去重要的东西，或造成泯灭不掉的阴霾，也许会自暴自弃。

人在爆发愤怒情绪的同时，实际上又是自我保护的一种手段。假设工作上，你被别人指责："都怪你，因为你的失误，让我们白白付出一个星期的努力！"你原本也会感到自责的，可是同事的当头一棒让你内心的自责瞬间演变成强大的反击，此时的你已经十分生气，甚至反击对方说："制造麻烦的难道只有我一个人吗？上个月的业绩，除了你，我们都冲刺到了目标值，就因为你，我们都没能够拿到团体奖！今天的事情，你怎么能将责任全推卸在我一个人的身上？"

愤怒就像瞬间沸腾的开水一样，你愤怒时所说的话未必是你的真实意愿，却"本能"地将你抛在风口浪尖上。如果此时，当事的两个人谁也不能让一步或冷静下来，而是你一句指责，我一腔愤怒的话，事情就会愈演愈烈。就像前文中提到的那家企业的董事长助理肖碧婷，她就在发生争论的时候，愤怒地扔下一句话："有什么了不起的，这个破工作我不做了！"

也许丢掉一份工作对于才华横溢的肖碧婷来说，算不上后悔的事情，但因为愤怒而失去理智，做出错误的判断和决策，再导致公司利益严重受损的结果，相信任何一个认真做事的人都会后悔吧！

当你情绪爆棚时，会容易怒火中烧。过了这个短暂的愤怒时刻后，一旦你冷静下来，就会后悔。你会在心里默默埋怨着自己：

“也不是什么大不了的事情，为什么那么激动，还出口伤人？早知道有这样的结果，当时冷静一下多好，也就不会说出那样的话，做出那样的决定了。”

那么，问题来了，我们为什么会给愤怒出现的机会呢？

愤怒的本源就是自我保护。在我们感受到外界的不友好时，防御本能就会瞬间迸发出来。就像车辆出现严重撞击的时候，安全气囊瞬间弹射出来一样，它们都属于“被动安全性的保护系统”。保护的最有效方式，是发现可能有危险和损失的时候，本能进入战斗模式，就很自然地去攻击与自己产生敌对的势力。

其实，愤怒者的初衷本无恶意，他只是全心全意地想要保护自己，但这份全心全意，却使他无法看清其他的事情。所以，理智的人都不会把发言权交给情绪，不会因自己愉悦的情绪而许下无法实现的诺言，也不让愤怒的情绪对自己的行为发号施令，也会避免因自己的愤怒而做出错误判断或说出伤害他人的话。

保护自己，不是说要去攻击他人，因为你的攻击行为会给自己树敌或者为自己创造更多的不利环境。当你因为情绪不受控，准备攻击他人的时候，一定要强制自己忍耐一下，冷静下来才能解决问题。

如果你感到心烦意乱，就给自己放个假吧，不去做任何事，也就不涉及做出不理性的决定，更不会伤害到他人。为什么我们耳熟能详的企业家、国家领导人，或者为人类创造出无限财富的科学工作者们，他们都极少动怒？因为人只有在心情平静的时候，才会进行有意义的思考，做出正确的判断和决策。

3.抛开抱怨，拒绝给拖延留机会

“这件事太难了，超出了我的能力范畴，我做不来！”

“别逼我做完成不了的事情，那样我会疯掉，你愿意成为扼杀青春的刽子手吗？”

“不是我不能做，是因为我不喜欢做，所以你逼我也没用！”

……

姚茜茜和身边的同事、领导、家人的关系越来越僵，这段时间以来她脾气暴躁，充满负能量，很少与人沟通，总是一个人窝在一处做事，大家以前眼中的姚茜茜可不这样，他们不明白她这是怎么了。

以前，要是有谁在姚茜茜面前抱怨，她总是用不同的方式开解对方。在大家的心里，姚茜茜就是很理性的姑娘，为人也积极乐观，更不会抱怨什么事情，或负能量爆棚了。

姚茜茜自己也觉得最近一段时间以来，越来越爱抱怨。特别是对于那些自己比较看重的人、事、物，她抱怨起来的气场超级强。即使很小的一件事，她也不能释怀，时不时地埋怨一番。若是找到发泄的事情，姚茜茜的埋怨甚至可以做到不眠不休。

“我觉得我就是自己跟自己较劲儿，生气的是自己，为难的是自己，拖延做事没有结果的也是自己。”姚茜茜和闺密聊天的时候自省道。

真正的完美是想象中的，而不是现实存在的。很多事情，不管你看得有多重，请学会轻描淡写，不纠结，也就不会拖延，自然就会有好的结果。

张盼盼自认为是一个十足的拖延症患者，她说自己已经病入膏肓，不可理喻了。她感兴趣的事情还好说，要是这件事她有丝毫的不情愿心理，那基本上没悬念——必须拖到最后不能再拖的时候，再随随便便应付。

其实，对付完成的事情算是有结果的，但这样的结果是拖延者自己都不满意的。他们明明知道，这样的事越拖越来不及完成，越拖自己就越懈怠。

远离抱怨，拒绝拖延，让自己的内心多一些阳光和正能量！诚然，这是多数拖延者的愿望，远离抱怨，拒绝拖延，这对大多数人而言，又何尝不是一场修行。不是所有人都能选择自己最擅长和喜欢的事业，就算选择的时候自己喜欢得不得了，可随着时间推移，当初的那份欣然也会逐渐消失。于是，抱怨与我们的生活如影随形。

日常的工作中，抱怨也随处可见。

“你看你多好，每天还能出去兜兜风，不用按部就班地工作，自由真好！”

“拉倒吧，我还羡慕你呢，每天有固定的时间做固定的事，不像我，做市场方面的工作太辛苦，还总有任务，客户有需要，我就得24小时候着，感觉都没有自我了。”

“你们俩都别埋怨了，我的工作才叫揪心呢！至少你们部门的领导都很正常，我的部门领导精神超级亢奋，他要亢奋就自己亢奋呗，非得捎带着我们一起加班。我都连续三个月周末加班了，人家坐月子也用不上百天时间，我这比坐月子都憋屈。”

……

工作时间里，这样的抱怨时而左右着大家的状态，也许没有人提起话茬儿，这样的抱怨也就隐藏在工作中了，可一旦有人开始了埋怨，这样的负能量就一发不可收拾了。

有人抱怨薪水不高，有人抱怨自己的工作量超负荷，有人抱怨该有的法定假期被无休止的加班剥夺，也有人抱怨公司管理制度的苛刻……

抱怨的人将负面的情绪带入工作中，同时也带给了其他同事，一种没有得到重视的不公平感在抱怨者周围的空气中油然而生，大家越来越消沉，能做的事和可做的事也就越来越少，而且能做的也都被埋怨所累，拖延到最后才做。

岳晨是公司几个销售经理中唯一的女生，女生和男生虽然是平等的，但她的心理素质不好。最近，岳晨在工作上有很多不顺心的事情，如领导给她施加压力，自己下属的工作任务没有结果，跨部门沟通产生了巨额成本……

这一天，岳晨在朋友的引荐下来到一位得道禅师处，她想出家，远离尘世，禅师开导她："工作也是一种修行，你总会遇到各种各样性格的人和各式各样的事。你还会遇见不同的困难，仿佛这个困难解决了，前面还有更多更难的事排着队等着你去解决一样。你因为现在工作的压力想要出家，可当你对出家后的生活也厌倦了怎么办？还有别的更好的选择吗？"

面对禅师的问话，岳晨竟无言以对。是啊，充满抱怨的世界里，又有多少事情能够开怀释然呢？

禅师继续说："你是公司的管理层，已然知晓自己的职责，倘若生活让你应接不暇，而你对出家人的生活也不是很了解，贸然做决定，是否对得起未来的那个自己？公司为什么聘用你做管理者？为什么你的上司会不断给你布置艰巨的任务？你的职责就是承担公司的管理责任，替老板解决问题，替下属谋求生存之路……你说上司给你施加压力，你又是否清楚上司有没有压力，压力有多大？如果你明白这些，你就懂得自己该怎么去做。”

正如禅师所言，我们需要明白自己的责任，才能面对和解决不同的问题。如果你把自己都不清楚或者懒得去做的事情交给他人，又怎会得到满意的结果？就像你找裁缝做衣服，你要把你的需求和期望告诉对方，对方明白了，才有能力做出你满意的服装。

做好工作才能实现生活的美好愿望，大概就是禅师所说的工作如修行的真正含义。岳晨听了禅师的一番话，脸上浮现出久违的喜悦神色。大千世界，无奇不有，却没有十全十美的事情，与其抱怨、故意拖延不做，不如改变自己的心态，阳光而行。

张杰是一名心理医生，在社会高阶层人群中频繁出入，俨然是社会的中流砥柱。张杰乐观积极的态度，和传统意义上穿着白大褂的严肃的心理医生截然不同，所有人都相信他的前途与造诣非同凡响。

然而在心理学领域工作了两三年后，张杰也有了负面情绪。他确实接触的人和事都是高层次的，有很多都是企业高管，然而心理咨询室给他的薪水却还是比较低的。张杰变得越来越愤世嫉俗，就连前来咨询的病人，张杰也没有积极对待他们了，他满怀抱怨地对待自己的工作。

当然，这些只是张杰自己的看法，他觉得老板不赏识他，不给他加薪，甚至提交几次的升职报告也仿若石沉大海，而实际情况却不是他想的那样。

老板看到了昔日张杰的努力，也看到了作为医生，他的职业操守值得所有人尊敬，因此计划在年终大会上晋升张杰为科室副主任。就在很多人都在向往科室副主任的位置的时候，张杰却没有领悟到领导的意图，在抱怨中懈怠工作，也毁了自己的前途。

抱怨会让人意志消沉，是逃避工作和现实的体现，是拖延做事的致命前提。如果你还有一丝奋起的决心，请停止抱怨，远离拖延，学会在工作中修行，积极面对一切困难。

4. 和充满正能量的人在一起，彻底和拖延症说再见

现实生活中，你和谁交往很重要，这甚至可能改变一个人的成长轨迹，决定人生成败。和勤奋的人在一起，你不会变得懒惰；与积极的人同行，你不会变得消沉；与智者同行，你的人生也会非同凡响；与高人携手，你可以攀登巅峰。

有人说："人生的三大幸事包括读书时遇见一位好老师，工作中遇见一位好老板，婚姻生活中觅得一位好伴侣。"而与之形成明显对比的就是，身边因为缺少了积极的、充满正能量的领路人，多的是如同贫瘠盐碱地一样的人，生命会毫无光泽。

一个人身价的高低，是由他周围的朋友决定的，朋友越优秀的人，意味着他的价值越高，对他事业的帮助也就越大。很多年前，微软正式借助IBM这个"好朋友"的势头而成为全球最大的电脑软件提供商。

1980年，微软的创始人之一比尔·盖茨得到IBM的信任，将微软的DOS操作系统放在IBM的PC上免费"捆绑"，通过IBM垄断性的PC平台和渠道将DOS操作系统销售出去。其实，当初盖茨从西雅图计算机产品公司花5万美元购买回来的QDOS系统（后经过改

进命名为DOS）与当时的Apple操作系统比简直是差远了。但幸运的是，微软结交了IBM这个“好朋友”，仅仅最初的两年间，就随着IBM销售出去的50万台个人电脑而声名鹊起。老虎也有打盹的时候，当IBM眯着眼睛“小憩”的时候，微软高调做事，最终，赶在IBM的PC份额被其他厂家超越之前成功上市。

与微软借助IBM之势拓展其市场、提升其品牌不同的是，Google与雅虎之间也曾经有过不解之缘，只是，表面上的Google没有那么突出和光鲜，但其财务数据上确实前所未有的“暴富”，这份财富不是直接的货币来源，而是获得了大量用来搜索查询的第一手资料。那个时候的Google还没有完善的算术技术，相对的搜索反应也比较“迟钝”，能自力更生的方面也就是做一些规模比较小的检索和网页分析。随着与雅虎的“合作”而获得的大量数据恰恰成为二流技术改进的第一手资料，急速提高了Google的搜索结果质量，改善了搜索技术。

后来，Google公司的创始人之一、美国籍俄罗斯裔企业家谢尔盖·米克哈伊洛维奇·布林是这样评价这件事的，他说道：“这是Google发展历史上意义非凡的里程碑，也是Google商业策略可行性的有力证明。”

与雅虎合作两年之后，Google在美国的搜索市场份额中已经与雅虎并驾齐驱了，在全球的份额占比中甚至远超于雅虎（2002年4月，Google承担了全球47%的搜索量，而雅虎的份额为21%）。虽然2004年的时候雅虎意识到了Google这个劲敌已经势不可当，不得不断了二者之间的合作，但为时已晚，此时Google的地位已经得到巩固，雅虎的反击绵绵无力。2009年，在谈及雅虎的辉煌与没落时，360的CEO周鸿祎明确地判断说："雅虎就好比自己的掘墓人，布林和佩吉都应该感谢雅虎。"

与结交朋友一样，企业，特别是小企业在初创之时，找到一个强势的"朋友"很重要。也许没有牵手雅虎的Google和没有同IBM合作的微软，其自身本就是一个强大的生命体，即使没有"抱大树"也能成长为全球行业的典范和领航者。但是不能否认的是，正是因为有了雅虎和IBM，Google和微软才能够迅速强大。Google和微软采取同样的方式，经过展现出来的不同表象和最后的作为所实现的最终结果却几近相同。对于盖茨和布林而言，当初的他们"是谁"并不重要，就连微软和Google"是谁"也都不重要，重要的是他们和IBM、雅虎在一起。

《三字经》里有言："昔孟母，择邻处。"说的就是战国时期，我国古代伟大的思想家、政治家、教育家孟子的母亲"孟母"为了给孩子营造一个良好的居住环境，寻找最适宜的邻居而三次更换住所的故事。起初，孟子一家住在距离墓地不远的小村庄，孟子见惯了来来往往的祭拜之事，觉得有趣，就与小伙伴做游戏的时候也玩起了“办丧事”，孟母认为这样的环境不适合孩子居住，于是就搬家到集市的旁边。这个时候，孟子又学会了商品买卖和动物屠宰的“本领”，孟母再次察觉到又该更换住所了。不过，孟母因为这两次的搬家也知晓了孟子的超凡学习能力，最后孟母将住所搬到了学宫旁边。这一次换了日常接触频繁的“邻居”之后，孟子果然没有令母亲失望，很快就学会了朝廷之上的鞠躬及进退的礼节，而孟子的家也就定居在了学宫旁边。自此，“孟母三迁”这个成语就用来表示人应该要接近好的人、事、物，才能学习到好的习惯！

雄鹰若蜗居在鸡窝里，它就会失去飞上蓝天的能力；野狼若生存在羊圈里，就会失去狼性，而不再称霸草原。如果原本就很优秀的人，却因为站错了队，交错了朋友，在对的时间和错的人交往，注定他不会有美好的结果。正所谓“画眉麻雀不同嗓，金鸡乌鸦不同窝”。

弱小的个体愿意与强者同伍，强者也心系比自己更加强大的个体合作，但是，强强联合并非等于双倍成功。

出生于1985年的“联盟现役第一中锋”美国职业篮球运动员德怀特·霍华德在加盟NBA亚特兰大老鹰队后，开始了与强大的“伙伴”科比·布莱恩特和詹姆斯·哈登合作，在这两名超级得分后卫的搭档之下，德怀特·霍华德并未取得更为理想的成绩，在他看来，这俨然是一次失败的“合作”。在参加一次节目时，谈到“强强联合”，德怀特·霍华德认为，最主要的原因是他们搭档的时机不对。而在被问及“科比和哈登，谁更难搭档”时，霍华德很认真地回答：“他们都是伟大的斗士，我只是认为我们搭档的时机不对。你知道我们都处在职业生涯的不同阶段。科比当时处在职业生涯的尾声，而哈登正处于上升期。而且你知道，两支球队（湖人队和火箭队）也是完全不同的。”

霍华德继续叹道：“我不想去激化任何事情。我认为他们俩都是伟大的球员。不管别人如何说我和科比的关系很差，就像我说的，我们处在职业生涯的不同阶段，而且我认为很多事情都被夸大了。从个人角度来说，我永远不会去讨厌任何球员。你知道我们都很有幸能在NBA打球。来这里不容易，留下来更不容易。”

霍华德是一名优秀的中锋，这样的优秀并不局限于美国或NBA中。他之所以放弃火箭队，其主要原因就是对球队削减其在队里的角色而表示极度不满。基于这样的不满，他欣然地来到了老鹰队，还理所当然地表示，愿意在老鹰队扮演任何他需要扮演的角色。

尽管强者与强者在一起，未必能将彼此的强大翻倍，但聪明的人都喜欢与更聪明的人合作，这样才会更加睿智和出类拔萃。正所谓“物以类聚，人以群分”。读好书，交高人，见世面，这是每一个生命周期里最重要的事情。而人生的微妙之处很大程度上取决于人与人的相处之道上。

送人玫瑰，手留余香，乃大德！

人生就是这样。想和聪明的人在一起，你就得聪明；想和优秀的人在一起，你就得优秀。和不一样的人在一起，就会有不一样的人生。

偷懒？拖延？除非你想出局！

所以，跟你的拖延症说再见吧！